基于物联网的大气污染源现场执法监管信息系统设计与应用

Design and Application of on-Site Law
Enforcement and Supervision Information
System of Air Pollution Sources
Based on the
Internet of Things

刘孝富　刘柏音　孙启宏　罗　镭　等/著

中国环境出版集团·北京

图书在版编目（CIP）数据

基于物联网的大气污染源现场执法监管信息系统设计与
应用/刘孝富等著. —北京：中国环境出版集团，2020.12
ISBN 978-7-5111-4525-3

Ⅰ. ①基… Ⅱ. ①刘… Ⅲ. ①大气污染物—排污—
环境监测—管理信息系统 Ⅳ. ①X51

中国版本图书馆 CIP 数据核字（2020）第 251376 号

出 版 人 武德凯
责任编辑 曲 婷
责任校对 任 丽
封面设计 彭 杉

出版发行 **中国环境出版集团**
（100062 北京市东城区广渠门内大街 16 号）
网 址：http://www.cesp.com.cn
电子邮箱：bjgl@cesp.com.cn
联系电话：010-67112765（编辑管理部）
发行热线：010-67125803，010-67113405（传真）
印 刷 北京建宏印刷有限公司
经 销 各地新华书店
版 次 2020 年 12 月第 1 版
印 次 2020 年 12 月第 1 次印刷
开 本 787×1092 1/16
印 张 15.25
字 数 280 千字
定 价 78.00 元

中国环境出版集团郑重承诺：
中国环境出版集团合作的印刷单位、材料单位均具有中国环境标志产品认证；
中国环境出版集团所有图书"禁塑"。

编委会

前言

　　2013 年国务院印发《大气污染防治计划》，强调加大环境执法力度，严厉打击环境违法行为，对偷排偷放、屡查屡犯的违法企业，要依法停产关闭，对涉嫌环境犯罪的，要依法追究刑事责任。2018 年新颁布的《大气污染防治法》明确提出，环境部门"有权通过现场检查监测、自动监测、遥感监测、远红外摄像等方式，对排放大气污染物的企业事业单位和其他生产经营者进行监督检查"。新形势下传统的"望、闻、问"手段已不能满足大气固定源执法的需要，设计开发 "望、闻、问、切"四措并举的执法辅助工具显得尤为重要。

　　本书依托国家重点研发计划 "固定源大气污染物排放现场执法监管的技术方法体系研究"之课题"大气污染源现场执法监管工具包研发"（2016YFC0208206），设计研发了一套"固定源大气污染物排放现场执法监管信息系统"，重点解决各级环境监督执法部门在涉气固定源日常执法中工具缺失以至取证难、监测难、数据格式不统一、无法交互等问题。该系统针对不同污染源大气监督执法需求，创新性地采用物联网理念，通过接入机载、车载、便携式检测设备，采集和汇集多源异构数据，通过系统平台的数据自动分析计算，实现大气排放异常区识别、现场大气污染物浓度执法取证、暗查式执法取证、监测结果实时传输分析与超标情况判定、远程执法指挥等信息化智能执法功能，为大气污染源现场执法提供科技支撑。

本书由刘孝富、刘柏音主编，刘孝富负责全书总体设计，孙启宏对全书内容进行指导。全书共分为12章。其中，第1章由刘柏音编写，总述了环境执法信息化建设趋势；第2章由刘孝富编写，阐明了基于物联网的环境移动执法体系建设思想；第3章、第4章由刘柏音编写，主要介绍了系统总体设计与数据库设计方案；第5章由罗镭编写，介绍了物联网监测设备选型与数据融合技术；第6章由王莹编写，介绍了大气现场执法清单设计思路与推荐样式；第7章由孙启宏、刘孝富编写，阐述了企业违法快速识别及与处罚耦合的快速判定功能设计思路；第8章由张丽伟、李倩编写，介绍了远程执法指挥功能模块的设计方案；第9章由张志苗编写，介绍了执法助手功能设计方法；第10章由邱文婷编写，介绍了系统PC端和APP端功能；第11章由刘柏音编写，介绍了该执法信息系统在钢铁、石化、铅蓄电池、再生铅行业的应用案例；第12章由刘孝富编写，对该执法信息系统的应用前景进行了分析展望。本书的编写得到了中科宇图科技股份有限公司的协助。全书由刘柏音统稿和完善。

作者

2020年2月

目录

第1章 环境执法信息化建设综述 / 1
1.1 我国生态环境执法信息系统建设情况 / 3
1.2 国外生态环境执法信息系统建设情况 / 8
1.3 我国生态环境执法部门工作职责界定及执法工具需求 / 11
1.4 生态环境执法系统的发展趋势 / 13

第2章 基于物联网的环境移动执法体系建设思想 / 19
2.1 物联网思想在移动执法中的应用 / 21
2.2 移动监测设备在大气环境执法中的应用 / 24
2.3 监测设备物联网接入执法软件系统的设计 / 28

第3章 系统总体设计 / 31
3.1 系统设计目标 / 33
3.2 系统设计原则 / 34
3.3 系统架构设计 / 36
3.4 系统功能设计 / 37
3.5 系统业务流设计 / 39
3.6 系统数据流设计 / 40
3.7 系统权限设计 / 45

第4章　数据库设计　/47

4.1　数据库目录构建原则　/49

4.2　执法系统数据清单　/50

4.3　执法系统数据库设计　/51

4.4　执法数据采集技术与汇集方法　/52

4.5　执法数据库安全设计　/53

第5章　物联网监测设备选型与数据融合设计　/55

5.1　监测设备执法选型　/57

5.2　监测设备执法用途　/58

5.3　设备执法目标设计　/68

5.4　软硬件数据通信技术　/69

5.5　多元数据融合技术　/72

第6章　大气现场执法清单设计　/75

6.1　执法清单设计思路　/77

6.2　钢铁行业清单　/78

6.3　石化行业清单　/82

6.4　铅蓄电池行业清单　/84

6.5　再生铅行业清单　/86

6.6　通用型执法清单　/89

第7章　企业违法识别功能设计　/95

7.1　违法行为现场识别　/97

7.2　违法行为与处罚判定耦合　/104

第8章　远程执法指挥的辅助决策功能设计　/123

8.1　远程执法指挥功能设计理念　/125

8.2　基于地图的区域情况监管　/126

8.3　现场指挥视频连线　/126

8.4　执法指挥决策辅助　/128

第9章　执法助手功能设计　/129

9.1　执法助手功能设计理念　/131

9.2　一源一档　/131

9.3　监察模板　/133

9.4　违法行为与处罚查询　/133

9.5　法律法规查询　/133

9.6　工艺流程查询　/140

9.7　其他信息查询　/146

第10章　系统功能介绍　/149

10.1　PC端功能　/151

10.2　App端功能　/188

第11章　系统应用　/201

11.1　钢铁行业应用案例　/203

11.2　石油化工行业应用案例　/215

11.3　铅蓄电池行业应用案例　/220

11.4　再生铅行业应用案例　/223

第12章　系统应用前景　/227

12.1　执法系统的创新点　/229

12.2　经济社会效益　/231

12.3　在环境执法中的应用前景　/231

参考文献　/233

第 1 章

环境执法信息化建设综述

1.1　我国生态环境执法信息系统建设情况

1.1.1　我国生态环境执法信息系统发展历程

我国生态环境移动执法系统雏形最早出现于2007年，深圳、南通、大连等地的环境保护部门根据自身工作实际需求，开始自发尝试使用智能终端辅助现场执法，并取得了较好的效果。2011年，为积累生态环境移动执法的经验，原环境保护部选定湖南、吉林、河南、安徽4省的16个环境监察机构作为试点单位，推广开发及使用环境监察移动执法系统，并于次年将试点范围进一步扩大到北京等24个省（自治区、直辖市）的143个环境监察机构。

2014 年，原环境保护部印发了《环境监察移动执法系统建设指南》[1]，指导各地生态环境移动执法系统建设，帮助各级环境保护主管部门系统、全面、直观地了解生态环境移动执法系统的建设原则、内容及要求，首次明确了生态环境移动执法系统总体框架、网络传输平台、前端移动执法终端系统、后台支撑系统等建设要求，为生态环境移动执法系统承建单位进行系统研发提供指导。同年 11 月，国务院印发了《国务院办公厅关于加强环境监管执法的通知》（国办发〔2014〕56 号）[2]，提出："强化执法能力保障，推进环境监察机构标准化建设，配备调查取证等监管执法装备，保障基层环境监察执法用车，到 2017 年年底前，80%以上的环境监察机构要配备使用便携式手持移动执法终端。"经统计，截至 2017 年年底，生态环境移动执法系统已经覆盖全国除港澳台地区和西藏自治区的全部省级单位，上百个地市级生态环境监察支队已经陆续建设了生态环境移动执法相关系统，以便更高效地开展环境监察执法工作。江苏、浙江、山东、内蒙古、湖北、湖南、重庆、陕西等省（自治区、直辖市）要求所有的生态环境机构配备便携式手持移动执法终端。

2017 年，"全国环境监管执法平台"搭建完成，要求全国移动执法数据全部接入平台，实现全国生态环境执法人员、企业、执法事件的统一管理。

2019 年，生态环境部发布了《关于在生态环境系统推进行政执法公示制度执法全过程记录制度重大执法决定法制审核制度的实施意见》（环办执法〔2019〕42 号）[3]，强调全面推行执法全过程记录制度，发挥移动执法系统的信息化记录、存储、查询以及现场执法、执法作业指导、任务管理、队伍管理等功能，进一步提高生态环境行政执法的信息化和规范化水平。

1.1.2 国家级生态环境执法信息系统建设情况

从 2011 年起，原环境保护部推广开发及使用环境监察移动执法系统，经过长时间实践结果，形成环境监察局信息管理系统（图 1-1）、全国环境监察队伍管理系统（图 1-2）和全国环境监管执法平台（图 1-3）等。

（1）环境监察局信息管理系统

主要功能：数据调度、人员管理、案件稽查、执法数量统计查询、执法人员统计查询、现场执法状况查询、专项执法查询、污染源统计查询、执法人员对比分析、污染源对比分析以及执法事件对比分析等。

图 1-1　环境监察局信息管理系统（登录界面）

（2）全国环境监察队伍管理系统主要功能

该系统主要对全国环境监察执法人员配置及资质进行管理。

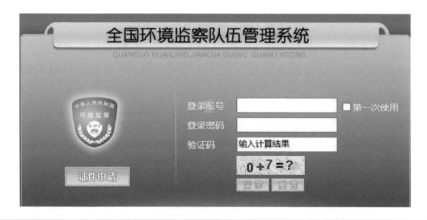

图 1-2　全国环境监察队伍管理系统（登录界面）

（3）全国环境监管执法平台

2017 年，由环境保护部建设"全国环境监管执法平台"（图 1-3），目标为管理与掌握全国各级执法检查情况。该平台以各地建设的生态环境移动执法系统数据库为基础，辅之以环境执法 App，通过打通并拓宽生态环境执法数据采集渠道，实时采集一线生态环境执法人员现场执法检查数据，初步构建生态环境执法数据目录体系，进行可视化展示和数据分析，实时反映全国各地现场执法检查情况，强化管理、指导现场执法工作，提高生态环境执法的信息化和精细化管理水平。

图 1-3　"全国环境监管执法平台"布局

1.1.3 省级生态环境执法信息系统建设情况

依据国家政策要求以及生态环境执法的业务需求，全国80%以上的省级和直辖市环境监察总队和上百个地市级环境监察支队已经陆续建设了生态环境移动执法相关系统，用来帮助其更高效地开展生态环境执法工作。

（1）省级生态环境执法系统建设情况

①天津

2012年，为落实《关于加强环境监察移动执法试点建设工作的通知》（环办函〔2012〕49号）的精神，天津市对移动执法项目的申报工作进行了专项部署，并最终通过审批，确定为第二批试点单位。天津市移动执法项目一期阶段在市环保局监察总队及4个区（县）环保局搭建了一套统一移动执法平台，执法人员使用前端移动执法终端系统通过无线专网连接本地后台业务管理支撑系统进行平台应用。环境执法数据可上传到市级统一移动执法平台，供领导审阅、分析，实现环境执法数据上传下达，达到天津市环境监察信息共享的目的。

天津市环境监察移动执法系统二期项目以一期项目的建设成果为基础，紧紧围绕环境保护监察工作的新发展、新需求，以更好地提升地方执法效能以及更加契合网格化管理为突破口，切实推进天津市环境移动执法系统的功能完善，地域、一线执法人员的全面覆盖。最终实现天津市环境监察总队与各区（县）环境监察大队环境监察执法数据共享与交互，为全市执法工作提供更丰富的数据、更便捷的工具、更强大的管理平台。根据天津市环保局环境监察移动执法的实际业务需求，在充分理解天津市环境监察总队信息化建设现状和未来信息化规划的基础上，通过采用现代通信技术、计算机网络技术、全球定位系统（GPS）和地理信息系统（GIS）等更加成熟、先进的技术，为环境执法提供统一的环境信息共享、执法信息共享、移动办公平台。二期建设不仅与环保部监管平台、天津市法制办系统进行互联互通及数据共享，还要与天津市环保局环境数据中心、行政处罚自由裁量系统、环保大检查系统、污染源在线监控系统、信访投诉系统、固体废物系统等实现数据对接，保障数据共享。

天津市执法监察人员现已配备移动执法工具，但由于执法方式较为传统，受限于基层执法人员素质偏低且技术支撑不足，新技术、新装备受限于无相关标准不能用于执法等原因，无法完全满足现有的现场执法要求；大气污染物的无组织排放监测受气象因素的限制较多，布点采样耗时较长，取证执法困难；环境专项整治行动需要对企业偷排情况进行夜查，更突出了天津市面临持证人员少而检查任务繁多的困难。

②北京

北京市生态环境执法工作从 2017 年开始使用热点网格，通过增加车辆监测，实现 500 m×500 m 小网格区域监控，经统计，目前通过热点网格预警下发的执法任务，确认企业违法比例达到 50%以上。

在执法行动上，目前北京生态环境移动执法设备使用情况较差，部分设备束之高阁，生态环境监察与环境监测脱钩严重，联合执法存在一定困难，生态环境执法人员对污染物超标排放的取证存在取证手段有限的问题，执法处罚定性主要集中在环保设备设施不正常运行上。同时，北京市生态环境执法工作还面临执法任务数量多、执法人员工作量大的困境。

（2）各省（自治区、直辖市）生态环境执法系统主要功能

各类系统建设在很大程度上实现了执法流程软件控制，并实现了数据查询、任务管理、执法文书管理、人员管理与处罚流程管理等功能，生态环境移动执法系统的建设在各省（自治区、直辖市）均取得了明显的成效。

①可实现执法信息导航与查询功能。大部分省级系统整合已有污染源在线监测系统、排污申报收费系统、信访系统等数据，通过电子地图和导航系统，实现污染源定位导航和周边环境查询，现场可随时调阅、查询被检查企业的基本信息、监管信息、监测数据、统计数据和总量信息等。

②可实现现场执法拍照、录音等取证功能。执法现场可以通过手持终端（PDA）、上网本、笔记本、便携式打印机完成污染源定位导航、调查取证（影音、录像、拍照）、笔录制作、档案查询、资料上传和信息传输，并

可实现数据同步。

③可提供内置执法文书模板。内置典型环境违法案件处罚文书模板，为检查（勘察）、询问、笔录制作过程提供导向性、提示性操作，引导执法人员全面、规范取证。

④具备执法任务管理功能。大部分执法系统能动态管理不同来源和不同类型的任务，如查询任务内容、跟踪任务进展和完成例行任务、领导交办、上级交办、公众举报、监测报警、专项检查、建设项目检查等类型任务。

⑤具备队伍管理功能。可对各级生态环境执法机构的执法信息明细及统计数据进行查阅浏览。系统根据不同的任务考核标准对任务完成情况进行考核，执法人员可查看自己完成任务的考核情况、领导批复或意见以及不同的考核标准等内容。领导可查看各部门执法人员执法任务的完成情况，也可通过 GPS 实现执法人员的跟踪、定位和执法轨迹管理。

⑥可实现处罚电子流程管理。部分省级执法系统实现了从立案到执行实行全过程电子监控，保证每个案件线索信息在系统中有数据可查，实现文书电子制作、报审、签批、组卷等流程化管理，杜绝压案不办、久拖不决、随意销案等现象。

⑦部分实现处罚裁量标准运用电子控制，极少部分地区建立了处罚裁量标准库，当输入违法行为的主要裁量参数时，系统会自动抽取相关法律法规及自由裁量权标准，为是否处罚以及处罚种类和程度提供查询，并设置严格的程序控制在裁量标准外实施处罚。

1.2 国外生态环境执法信息系统建设情况

1.2.1 国外生态环境执法信息系统建设现状

（1）美国

美国的环保执法主要依托严格的环境管理体系，由美国国会建立联邦法律法规，环保局与各州政府具体实施，依据环境法律法规对违法企业进行纠正和惩罚。首先各州对适用于环保法律条款的企业进行监测[4]，监测数据实时传输至州政府等相关部门的监测平台，通过专人审核入库；电厂、钢厂、企业等的空气污染报告汇总至美国联邦政府建立的 ICIS-Air 空气污染数据库[5]，联邦政府和州政府通过审查报告（SRF）核查州政府的环境监测工作。环境管理部门通过与污染企业之间达成合作协议，企业需通过申请排污许可证进行达标排放，并同时上报定期检测报告、守法认证报告、背离报告等各种文件，州政府也对企业的环境信息开展定期和不定期检查并且提交美国国家环境保护局（US EPA）守法监测报告（CMR）[6]。值得一提的是，美国国家环境保护局开发了一套环境执法过程中计算罚款数额的模型和软件，使得环境执法非常具有科学性。这种严谨科学的环境监管执法体系为美国的环保执法提供了强有力的保障。

（2）德国

德国的环保执法主要依托遍布全国的生态环境监测体系，对德国气候变化、土壤状况、空气质量、降水量、水域治理、污水处理和下水道系统等进行实时现场监测，监测数据同步上传至联邦环保局，环保局也会适时更新官方网站上的空气质量数据，以供人们查阅[7]。德国开发了可供全民参与的环境监察系统，例如监测企业的排污情况，在企业排污口设置传感器和实况录像系统，任何人都可以通过电脑或者手机等工具随时查看各种数据，参与环境监管。这种全方位监测体系与全民参与的环境监管系统促进了德国环保执法的时效性，保障了德国严格的环保执法体系。

（3）英国

英国的环保执法依赖于完善的环境监测管理体系，在各市布置全方位的空气质量监测站，监测站数据可直接同步上传至国家中心数据服务器，数据由中心控制管理单元进行处理以及分析，各次级行政单位的空气信息由中心控制管理单元直接发布，空气质量的保证和管理工作由独立的质控部门管理，贯穿整个空气质量系统的各个环节。对固定源污染物排放企业进行定期或不定期的现场烟气手动监测，实现大气固定源的现场执法[8]。这种固定源现场执法模式无须对烟气进行连续排放监测，节省了监测设备成本，且保持了环保执法的有效性。

（4）日本

日本环保法律的高效执行依托先进的城市环保监测技术系统，目前已在全国范围内建立了包含空气自动监测系统、汽车尾气自动监测系统、污染源 MIS 系统、环境 GIS 系统、污染源在线监测系统、信息发布系统等在内的监测系统。各市监测系统的数据经汇总后同步上传至国家环保网站，同时通过市政府附近的公共电子显示牌（LED）进行显示，让市民及时了解本市的空气环境质量状况[9]。

（5）澳大利亚

澳大利亚是世界上最早出台环境保护法律的国家之一，关于环保方面的法律法规条文的可操作性很强[10]，为了确保环保法律法规的严格执行，澳大利亚各州均组建了"环保警察"（SEPP），开发了环保移动执法系统。执法人员用手持的移动设备通过 GPRS 连接到网络，运行系统向后端的服务器提出相应的查询请求，系统可以将查询结果快速地反馈到用户的手持终端上，提高了执法效率[11]。

1.2.2　国外生态环境执法信息系统建设的启示

综合国外环保移动源执法系统的应用现状，固定源移动执法系统的研发在环境数据的信息化采集技术建设、环境数据的维护管理以及提高环境数据透明度三方面都可借鉴国外环境执法系统，并基于此开发出集执法监测、违法识别、评估督查于一体的具有中国特色的环境监察执法体系。

在环境数据的信息化采集技术建设方面，系统研发可以借鉴澳大利亚、英国、德国等国的环保执法系统，建设全面覆盖的监测体系和监测数据同步上传机制，充分运用 GPS 定位技术、GIS 技术、遥感技术，建立环境数据的信息化与自动化采集系统。

在环境数据的维护管理方面，可借鉴美国和英国的环保执法系统，建立国家级别的环境数据库，数据库内容囊括守法认证信息、背离报告信息、评估日期和评估结果等各方面。

在提高环境数据的透明度方面,可借鉴日本和德国的现有环保执法系统,公开环保执法中监测相关的数据,采用全民监督的执法模式,提高环保执法的全民参与度。

1.3　我国生态环境执法部门工作职责界定及执法工具需求

1.3.1　我国生态环境执法部门工作职责界定

生态环境部官方网站中对生态环境执法局主要职责进行了如下描述:"统一负责生态环境监督执法。监督生态环境政策、规划、法规、标准的执行。组织拟订重特大突发生态环境事件和生态破坏事件的应急预案,指导协调调查处理工作。协调解决有关跨区域环境污染纠纷。组织开展全国生态环境保护执法检查活动。查处重大生态环境违法问题。监督实施建设项目环境保护设施同时设计、同时施工、同时投产使用制度,指导监督建设项目生态环境保护设施竣工验收工作。承担既有项目环境社会风险防范化解工作。指导全国生态环境综合执法队伍建设和业务工作。承担挂牌督办工作。"

北京市生态环境局官方网站中对北京市环境监察总队的职责进行了如下描述:"受市环保局委托,依据环境保护法律、法规、标准,对污染源进行执法检查,对违法行为依法进行查处;协调、指导和监督、检查区县环境保护执法工作,开展环境执法的稽查工作;负责与周边省市建立环境执法联动机制,指导和协调解决区县之间的区域、流域环境污染纠纷;负责建设项目竣工环境保护验收,组织开展建设项目'三同时'的监督检查和建设项目施工期的环境监理工作;组织开展排放污染物申报登记、排污费核定和征收工作;承办领导交办的其他工作。"

从以上描述中可以了解到,生态环境执法局肩负着污染源的执法检查工作的使命。结合生态环境执法局举办的交流座谈会及天津市环境监察总队的调研结果，我们了解到生态环境执法主要工作任务有：严格污染源管控，力争全面实现污染源达标排放；重点开展火电、钢铁、造纸、煤化工、水泥、印染、污水处理和垃圾焚烧8个重点行业的污染排放督查工作；实施重点区域排污许可证管理制度；对8个重点行业进行技术摸底，开展专业专项培训，把执法人员培养成行业专家。开展"环境执法大练兵"，在执法过程中锻炼和培养生态环境执法人员。这些工作具体到地方生态环境执法机构主要表现为，以冬季燃煤污染为控制目标的重污染天气执法检查工作，春季 NO_x 排放源执法检查工作，八大重点行业污染执法检查工作，夏季 VOCs 排放源执法检查工作。在执法工作组织形式上采取人员和企业"双随机"机制。

1.3.2　我国生态环境执法工作中执法工具缺陷与需求

在充分了解生态环境执法工作内容的同时我们也了解到生态环境执法中存在的一些问题：生态环境执法基层人员任务繁重，除配合应急监察之外，还有专项检查、季节性检查等。对施工工地等污染源执法缺乏手段，只能检查是否具有施工许可证，对非道路移动机械的处罚目前没有执法依据（明显看着机械冒黑烟但是没有执法依据）。以大海捞针式的企业排查的环境执法监察，不容易发现违法企业。目前执法人员装备没有基础的源判断设备，例如风速风向仪等缺乏辅助判断污染来源的手段。执法人员工艺和行业知识普遍低于企业内部工程师，执法时监管能力和侦察能力较弱。

现场执法对硬件的要求必须是便捷快捷的取证和执法手段。但是目前的便携式设备开展现场取样作为执法证据缺乏法律依据和支持，不久前就有企业对瞬时采样作为处罚的依据提出质疑的案例。目前生态环境执法采用的移动执法工具包是一个防水、防震的小型工具箱，箱内能放置笔记本电脑、便携式打印机、摄像机、数码相机、无线扫描仪、录音笔、移动电源、连接线及 A4 打印纸。实现文字、图片、音频、视频等多媒体信息的采集、编辑、传送、签发等功能，并把采集的信息实时传输至后台。该工具包仅仅能够作为一个移动办公工具，以常见的办公室设备和功能为主，不具备执法取证、环境监测、企业违法判定等基础功能。

此外，在生态环境执法基层的硬件需求调研发现，生态环境执法和取证的职能分别由环境执法局和环境监测中心两个部门负责。现有执法监管体系中，执法大队负责执法程序的实施和简单的台账查询，现场影像录制。污染物超标排放等直接证据的取证过程需要具有测试上岗资质的监测站专业技术人员进行取证。进行执法任务时往往需要环境执法局联合环境监测中心共同行动。对特殊环境污染物指标的取证测量需要环境监测中心进行专项的实验准备，但是由于执法行动的保密要求，部分监察行动在出发前不能透露执法监察信息，导致环境监测中心不能依据监察需求进行取样监测准备。

综上，目前我国大气环境执法主要存在几方面的问题：一是执法力量不足，执法人员任务繁重；二是缺乏有效的执法手段和执法工具，执法检查威慑性不够；三是执法取证制度不完善，缺乏快速准确的超标排污取证手段；四是执法队伍专业化水平偏低，对工艺和设备了解不足。

1.4　生态环境执法系统的发展趋势

生态环境执法系统是生态环境部门针对企业环境违法行为，利用移动终端设备专门设计的一套以视音频和数据为主的执法流程控制和业务管理平台。

生态环境移动执法取证难、执法过程不透明、执法成本高、执法监管不到位等问题，影响人民群众对各执法部门的执法满意度。应用物联网技术，基于全网通 5G/4G/3G 运营商网络、GPS、GIS 和车载或手持终端系统，能够使环境移动执法更加智能化，实现执法取证实时传输与监管、执法车辆与人员精准定位和调度、规范执法体系，提升执法效率、降低执法成本。

1.4.1 生态环境执法系统建设指南的指导意义

《环境监察移动执法系统建设指南》（图 1-4）作为国家指导性文件，提出了生态环境移动执法系统总体框架、网络传输平台、前端移动执法系统、后台支撑系统、环境管理数据库、标准规范体系、信息安全体系和系统集成的要求，为各级生态环境主管部门和系统开发单位进行系统建设提供了基础依据[1]。指南在系统功能上满足了执法流程主要环节的基本需求，在网络平台构建上统一了数据库结构、传输方式与协议，在用户权限上考虑了生态环境部—省级环境机构—市级环境局—县级环境局（以下简称部—省—市—县）多级管理需求，在软硬件配置上实现了基本配置与可扩展配置的多种选择，具有重要的指导意义与前瞻性。

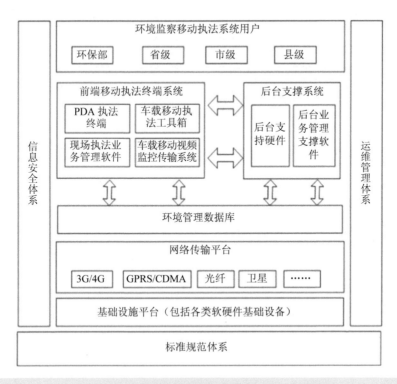

图 1-4　《环境监察移动执法系统建设指南》系统框架

1.4.2　生态环境执法软件系统的建设趋势

（1）平台管理垂直化

针对国家《关于省以下环保机构监测监察执法垂直管理制度改革试点工作的指导意见》以及全国移动执法数据全部接入"全国环境监管执法平台"的要求，现阶段省级、市级环境监察信息系统建设应面向移动执法的垂直化管理，实现区域环境执法人员、企业、执法事件的统一管理，强化对下级政府环境保护工作的监督检查，加大违法案件查办和信息公开力度，坚决打击各类环境违法行为，加强队伍建设和管理，落实执法责任制，逐步建立适应新常态的环境监管执法体制机制。未来将更加完善部—省—市—县和乡镇五级结构监察垂直管理，实现网格化、精细化、智能化环境监察执法。

（2）数据整合集中化

针对未来垂直化管理的需求，执法软件系统将向集中式部署模式实施，实现多级系统数据联动，做到执法数据的实时上传下达，区域数据向地市集中，地市数据向省集中，省数据向国家集中，实现环境资源数据共享，同时预留未来同其他职能部门数据对接接口。

（3）执法管理规范化

以规范执法行为、提高执法效率、加强执法监管为目标，进一步完善科学规范、客观公正、公开透明的环保行政权力运行机制；建立完善的执法体系，运用先进的执法设备，引导企业及相关监管对象规范化运作，大幅提高执法人员的办案质量和监察执法管理水平。

（4）取证手段多样化

充分利用国际上已有的先进执法辅助设备，如便携式污染物监测设备、红外可视设备、无人机、卫星遥感等，将设备取证结果与软件系统实现实时互通，发挥执法辅助效力，利用"天空地一体化"的多源环境监测手段，基于三级联动的执法模式，全面支撑环境监察现场执法。

（5）违法识别智能化

应逐步实现执法软件系统的功能全面性，覆盖环境执法所涉及的全部业务流程，包括任务下达、执法人员分配、现场执法全流程、违法识别、处罚裁定、统计管理等。集成大气污染源排放现场执法监管技术模型库、云处理，将硬件工具包括无人机遥测、车载遥测、便携检测等在内的仪器监测数据和结果同步到系统，同时结合《大气污染防治法》等法律法规、环境统计、在线监测的信息，在系统中进行智能研判分析，快速精准地识别违法行为，形成处罚结果，为执法取证和行政处罚提供依据，为现场执法的执行更加精准化、自动化、智能化，为生态环境执法人员及时、准确、高效、智能现场执法提供技术支持。

（6）数据分析智慧化

以环境质量改善为导向，通过汇集交互各类环境执法数据、监测数据、监管数据以及其他相关数据，充分利用大数据分析方法开展监管范围内的执法方向、执法对象、执法人员的多维度大数据分析，建立大数据分析模型库和知识库，对各项数据进行深度挖掘分析，精准判断执法方向和执法范围，形成重点执法清单，使得现场执法得到具体数据支撑，促进现场执法高效便携，为环境监管执法智慧化提供技术支持。

（7）现场执法精准化

实行生态环境暗查式执法，利用红外、激光雷达和无人机等监测技术，对区域性污染源进行扫描监测，对监测区域和范围进行精准定位，形成重点监测执法清单，根据清单精准定位企业单位进行现场监测式执法，节约人力、物力，提高执法效率，形成精准化、智能化、规范化现场执法，为环境监察人员及时、准确、高效、智能地做出行政决策提供技术支撑。

（8）执法装备便携化

充分吸取已有移动执法软件操作不便的经验教训，确保功能设计合理、界面友好、整齐简洁、层次清晰、一目了然，确保移动执法终端的便携性，使软件系统易用、好用。以往现场执法人员主要采用执法设备为移动执法箱（含笔记本电脑、打印机、扫描仪、录音笔、4G 上网卡、摄像机），装备多、体积大、连接复杂、自重较重、携带不便。未来建设将采用功能强大的智能终端+打印机+背包一体化的方式，高度集成和简化各种设备，达到执法装备的小型化，实现真正的便携、易操作。

第 2 章

基于物联网的环境移动执法体系建设思想

2.1　物联网思想在移动执法中的应用

2.1.1　物联网的概念与应用场景

2009 年，时任国务院总理温家宝同志曾提出"以物联网感知中国"。当前，我国已经进入云计算、物联网、大数据和人工智能为代表的大数据信息时代。物联网与人类生产、生活的联系越来越紧密，现实生活中越来越多的问题可以通过物联网技术得到解决，物联网技术为社会各界带来了全新的思维方式和生活理念。

物联网目前还没有十分明确的定义，从广义上说，当下涉及信息技术的应用，都可以纳入物联网的范畴。概括地讲，物联网就是物物相联的互联网，它是一个基于互联网、传统电信网等信息承载体，让所有能够被独立寻址的普通物理对象实现互联互通的网络[12]。中国物联网校企联盟将物联网定义为当下几乎所有技术与计算机、互联网技术的结合，实现物体与物体之间的、环境以及状态信息实时的共享以及智能化的收集、传递、处理、执行。

目前，物联网在制造、交通、家电、物流、军事、服务等多个领域得到了广泛应用，其中炙手可热的数据挖掘技术与智慧城市建设正是基于物联网的高速发展得以获得广阔的生存空间，前者以物联网为媒介得以进行海量数据的收集、分类，继而进行深度的数据挖掘与分析，后者以物联网技术为基础，进行智能场景搭建与应用，使我们的日常生活便利又富有科技感。随着信息技术的普及，未来地球上还将有越来越多的物体被网络连接，摄像头、手机、电脑、传感器等设备成为物联网不可或缺的信息获取载体。

物联网主要是使用射频识别技术、无线传感器、嵌入式系统等现代高科技技术手段实现与互联网的互联互通，能智能化识别与管理地物，实现世界万物的互联互通[13]。

（1）传感器技术

传感器技术是计算机应用中的关键技术，到目前为止，绝大部分计算机处理的都是数字信号。自有计算机以来，就需要传感器把模拟信号转换成数字信号，计算机才能进行运算处理。

（2）RFID 技术

RFID 技术是自动识别技术的一种，通过无线射频方式进行非接触双向数据通信，利用无线射频方式对记录媒体进行读写，从而达到识别目标和数据交换的目的。RFID 技术融合了无线射频技术和嵌入式技术，在自动识别、物品物流管理方面有着广阔的应用前景。

（3）嵌入式系统技术

嵌入式系统技术是一项集计算机软硬件、传感器技术、集成电路技术、电子应用技术于一体的复杂技术。经过几十年的演变，以嵌入式系统为特征的智能终端产品随处可见，嵌入式系统正在改变着人们的生活，推动着工业生产以及国防工业的发展。如果把物联网用人体做一个简单比喻，传感器相当于人的眼睛、鼻子、皮肤等感官，网络就是神经系统，用来传递信息，嵌入式系统则是人的大脑，在接收到信息后要进行分类处理。

在生态环境保护领域，物联网提供了有力的技术支撑，能够帮助我们搜集丰富的生态环境数据，并在很大程度上排除主观人为因素造成的影响，数据准确性和可靠性进一步提升，并且能做到实时对数据进行采集。空气污染是我国目前面临的最令人困扰的环境问题，物联网与实时空气监测技术、智能净化和数据收集技术相结合，为我国空气治理指明了新的发展方向。空气物联网通过智能设施实时监控空气环境质量，让数据通过网络进行统计和理性分析，使用户可以更加直观地获取附近空气质量信息，随时随地查询了解目的地环境情况，缔造新形式的空气质量信息共享网络。同时智能载体拥有空气净化，实时信息汇总分析智能处理的功能。空气物联网的建立与传播具有广阔的应用前景，能够充分发挥物联网优势，促进空气治理。这种智能载体与物联网的结合伴随电子信息技术高速发展与智能健康生活的普及而逐渐兴起。

2.1.2 物联网在环境监管与执法中的应用情况

生态环境执法能力相对于执法需求不足是现阶段我国生态环境执法面临的主要矛盾。如何在执法资源有限的情况下提高生态环境执法监管效率是我国环境管理部门长期关注的问题[14]。生态环境管理部门由于技术的限制，无法做到实时收集企业排污数据，或者难以找到企业违法的相关证据，对区域整体生态环境污染状况也缺乏有效的监控分析手段。

物联网技术的发展为环境保护带来了新的发展机遇，物联网技术将为环境执法提供重要技术手段，利用物联网技术对环境监测系统进行改进，使得监测系统变得更加智能化，通过建立智慧生态环境执法系统，达到对环境污染问题实时、持续、大范围监控。

物联网移动执法是在执法过程中引入自动化和信息化的技术来实现生态环境执法的系统网络，通过综合应用传感器、全球定位系统、视频监控、卫星遥感、红外探测、射频识别等装置与技术，实时采集污染源、环境质量、生态等信息，构建全方位、多层次、全覆盖的生态环境监测网络，接入包括实时监测数据、影像数据、视频数据等多种数据类型，实现了从数据的宏观变迁到微观变化的全方位数据收集。基于物联网的移动执法主要具备移动执法终端、服务器、传感器以及无线通信模块，经过一段时间的发展期应用，围绕"智能与安全"的应用思想不断延伸，变成了更加完善的产品设计理念：智能感知，安全无忧、智能通信，打破距离、智能执法、数据互通，易管易用。

相较于传统的环保互联网系统，物联网环境监管与执法无论是在海量监测结果数据的收集还是在更快、更精准的数据处理分析方面都有着不可比拟的优势，这也奠定了物联网环境监管与执法未来的发展前景与方向。

（1）实时获取准确的排污数据

通过物联网可以得到企业和区域实时准确的排污数据。以往的监控手段往往不能获得实时、精确、全天候、全时段的企业排污数据，导致环保执法部门和违法企业之间经常"玩猫和老鼠的游戏"。而采用了多种不同传感器不同平台并能实时上传数据的物联网则能彻底扭转这一局面。在不久的将来数据将成为环境执法的核心依据之一。但与此同时，也需要生态环境部门的密切配合，需要树立起尊重数据的意识，重视数据的采集、存储和管理过程。

（2）获悉区域污染物时空分布

通过物联网和大数据分析能够得到企业和区域的污染物时空分布规律。通过生态环境大数据，可以分析得到不同种类的污染物与位置、时间之间的关系。利用生态大数据，同时结合 GIS，可以形象直观地将区域污染状况表达和显示出来。通过掌握污染物的时空分布规律，生态环境执法部门将能及时发现环境异常变化并采取有效的应对措施。

（3）为突发情况提供第一手资料，辅助事故应急处理

物联网能为突发环境事件提供第一手可靠资料，并为制订事件处置方案提供科学依据。通过物联网能及时发现污染源并精确定位事发地点，通过利用物联网搜集到的数据进行分析，能查明环境污染情况、污染范围和扩散状况，为突发环境问题的应急处理提供科学依据。

2.2 移动监测设备在大气环境执法中的应用

新一轮全球科技革命为环境保护带来了新机遇。在物联网、大数据、人工智能、区块链与云计算新技术的推动下，全球环境保护迎来一波新浪潮。在大气污染监管领域，物联网在环境执法中的应用主要依托于各类环境监测设备，其中体积小巧、便于携带的移动监测设备在众多监测设备中脱颖而出，小型化、低成本化的新型空气质量监测设备与物联网、大数据等技术结合，使得空气质量监管精细化、智能化成为现实，并成为符合生态环境执法应用中的新星[15]。

据统计，在我国每年环境问题举报案件中，大气污染类比例达到 60%，部分区域高达 70%，甚至更高。但在全面查处的案件中，大气污染类仅占 13% 左右，这凸显出我国大气污染执法监管严重不足的问题。在环境执法中，

面向"发现高污染热点区域"这一重点需求，与高密度固定部署的网格化系统相比，以机载监测、车载监测、便携式仪器监测为代表的移动监测具有明显的优势[17]。

2.2.1　无人机在大气环境执法中的应用

近年来，无人机作为一种高效便捷且能有效满足现代移动执法体系的环境监测设备而被广泛应用于生活的各个领域。无人机在生态环境执法过程中能充分发挥在区域搜索、线状巡查、点状核查等高空航拍方面的优势，为各级环境部门生态环境执法工作提供多元化的技术支持，为环境信访、污染源排查、大气污染防治等工作任务的顺利开展提供了有力保障。

无人机在大气环境监测中应用广泛，通常采用的是"无人机+"的模式，可供选择的搭载设备根据应用环境的不同也有所不同，这种优势加场景的组合方式，让无人机的应用既有"广度"又有"深度"；应用广度体现在不仅可以在大尺度范围内掌握以往数据调查很难覆盖的区域，还能通过更换不同搭载设备来扩大检测对象类型数据；应用的深度体现在通过无人机搭载微型传感器来获取更微观的数据，例如通过采用红外成像设备，在夜间热源干扰项较少的情况下，针对排污企业进行监测，能够更准确地发现污染源头，并依靠无人机小巧的特点进行偷拍，以此掌握排污企业违规排污的证据；或者利用无人机搭载前视红外线仪器、分辨率高的相机、摄像设备应用在森林防火监测管理中，此外无人机还能通过对在测区内对地形地貌、土壤情况、水土流失等情况进行调查，对于水土问题严重的区域还需要拍照以及定位坐标。虽然无人机的应用在某些行业已经比较成熟，但是仍有一些不可忽视的问题成为行业发展的掣肘，如天气情况对无人机的影响、无人机对传感器搭载的重量、体积的要求等问题。

以下针对几种常见的无人机搭载设备的应用场景进行简要介绍：

（1）无人机搭载可见光相机

无人机搭载可见光相机应用范围广，并且取得的检测效果也最好，但不可忽视的是这种组合具有一定缺陷。比如它有大部分被限制在白天或光线充足的夜晚，并且只有拍照和录制视频的功能，这种无人机配置不能为监测者提供精准的数据支持。此外这种无人机容易受到天气的影响，仅能在污染物可见度高的情况下，监测大气中的污染物，监测功能较为单一。

（2）无人机搭载红外成像设备

无人机搭载红外成像设备能够解决可见光无人机无法在夜间或光线不充足的监控问题，摆脱了监测时间的束缚。通过热成像仪的热分布可视化功能，能够帮助工作人员进行测温等操作，特别是在夜间，热源干扰项较少的情况下，针对排污企业进行监测，能够更准确地发现污染源头，并依靠无人机小巧的特点进行偷拍，以此掌握排污企业违规排污的证据。

（3）无人机搭载气体传感器

无人机搭载气体传感器是无人机安装多种因子的气体监测传感器，可以进一步实现在测区最大范围内巡航。这种无人机配置测出的数据精度、准确度较高，更好地运用到大气监测中，采用数据可视化的解决方案，工作人员能够实时显示监测数据，并揭示气体污染物迁移规律，为大气监测工作提供充足的数据支持，节省处理数据的时间和人力成本。

2.2.2　移动执法车在大气执法中的应用

随着社会经济的高速发展，各级行政监管及执法部门的工作流动性日益增加，各级领导及公众对其工作效率、应变能力和执法处理能力提出了更高的要求。对于移动性、时效性较高的部门，要满足这些需求，单靠传统方式增加工作人员是无法达到的。移动执法车正是顺应了这一要求，成为环境监察执法工作中的有力保障。

大气环境移动监测执法车是集环境巡查、信息处理、现场指挥于一体的移动环境指挥平台，可实现对大气环境质量的污染的日常巡查，以及对污染性突发事件的实时监测，该种车辆一般由车体、空气质量传感器、气象系统、视频系统、数据采集系统、后备电源安全系统几大部分组成。

大气环境移动监测车可以随时随地对某个区域内的大气环境质量进行实时监测，监测数据可以通过 4G 无线通信实时准确地传送至环保决策部门，准确地为当地决策部门提供技术依据（图 2-1）。

图 2-1　移动监测车辆

大气环境移动监测车一般可以涵盖 SO_2、NO_x、CO、O_3、$PM_{2.5}$、PM_{10} 等常用空气质量因子，还可以对风速、风向、湿度、温度及气压等环境气象监测因子进行监控，有一些监测车甚至可以扩展监测因子，对噪声、苯、甲苯以及二甲苯等进行监测。

图 2-2 为大气环境移动监测车系统构架。

图 2-2　系统构架

2.2.3　便携式监测设备在大气环境执法中的应用

便携式监测设备能够快速、实时地检测出所测区域中各项大气污染物的情况，在建立在线监测点位时进行预检测，对各项污染物的浓度有一个初步的了解与认识。便携式监测设备可以根据监测的范围进行调整，可以让执法工作人员对可能存在危险的部位实现完全的排查，让相关仪器的检修和维护更加简单易行。与此同时，利用便携式监测设备能够准确地分析故障问题，为快速排查风险有效地达成安全预警。

常见的大气污染源便携式监测设备包括但不限以下内容：

（1）便携式无组织颗粒物检测仪；

（2）便携式有组织颗粒物检测仪；

（3）便携式烟气汞检测仪；

（4）便携式烟气铅检测仪；

（5）便携式非甲烷总烃检测仪；

（6）便携式 VOCs 检测仪；

（7）便携式红外夜视仪。

2.3　监测设备物联网接入执法软件系统的设计

在移动执法系统中引入便携式监测设备物联网接入理念，可发挥数据收集、分类、分析以及进一步数据挖掘的作用，增加移动执法的科学性和便利性，大大提高了移动执法的效率。

可接入系统的各类设备包括便携式污染物监测设备、红外可视设备、激光雷达、车载 DOAS、无人机搭载传感器等（图 2-3）。

各类监测设备及 PAD、手机等手持移动终端等在"生态环境移动执法物联网"系统中，发挥物联网终端传感器的角色。个传感器采集的监测数据通过 4G、USB、串口、蓝牙等数据传输交换方式，与车载电脑及服务器连接通讯。服务器在执法过程中实时获取终端传感器数据，并通过"生态环境移动执法软件系统"功能，对数据进行快速处理、分析与反馈，反馈数据通过 PC 端或移动执法终端（手机、PAD 等）推送环境执法人员，辅助执法人员快速判断排污企业违法情况。

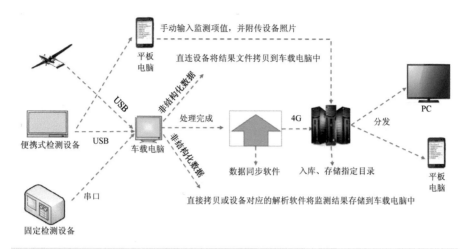

图 2-3　监测设备物联网接入

第3章

系统总体设计

3.1　系统设计目标

基于各类生态环境移动执法工作需求，重点解决现阶段各类移动执法系统的不足，研究开发新一代大气污染物排放执法监管系统，满足不同级别生态环境执法部门对不同行业排污企业大气污染物违规排放行为的现场监督取证需求，巩固提升生态环境执法管理效能，最终达到改善大气环境质量的目的。

（1）解决现场取证手段不足问题，实现监测设备数据实时接入

目前生态环境执法信息系统侧重于利用照相机、摄像机、PDA、笔记本电脑、便携式打印机作为企业违法行为现场取证工具，但针对污染物排放情况的现场监测执法取证手段欠缺，无法判断污染物超标排放情况，亟须实现排气筒、厂界等地点的污染物排放浓度快速监测判定功能，解决不同类型大气污染监督执法需求。因此，系统在设计中创新性地引入硬件执法设备物联网接入理念，增加便携式污染物监测设备、红外可视设备、激光雷达、车载 DOAS、无人机传感器等现场监测取证手段，针对不同污染源大气污染监督执法需求，有机组合经过筛选的各类监测技术，结合多元数据传输与数据处理技术，将设备取证结果与软件系统实现实时互通，为现场执法提供高效的辅助功能。

（2）解决执法目标确定困难问题，实现区域异常区识别与异常企业锁定

在现场执法过程中，存在由于重点执法区域不够明确，无法进行执法对象精准定位，执法人员盲目选择执法对象的情况。因此，系统在设计中考虑实现区域环境管理与污染源异常区识别功能，通过对区域热点网格数据、环境质量数据、气象数据、污染源数据、无人机遥测数据、激光雷达扫描数据、车载 DOAS 监测数据等进行数据综合分析与深度挖掘，对监测区域和范围进行精准定位，锁定污染物排放异常区域，为生态环境执法人员提供疑似异常企业名单，同时也可根据遥测数据提供待查企业的疑似异常排放点位，实现精准执法，提高生态环境执法效率。

（3）解决违法行为无法快速判定问题，实现违法与处罚智能判定

各类执法软件系统在现场执法过程中对环境污染行为进行现场违法识别不够自动化和智能化，缺乏具体的数据支撑，环境监察人员无法做到有据可依。因此，系统在设计上实现无人机遥测数据、车载遥测数据、便携式监测数据、现场清单式执法数据的快速识别与处理，开发数据分析与违法识别功能，建立违法识别与处罚耦合模型。通过对各类污染物排放标准、《大气污染防治法》等各类环境法律法规格式化处理和标准化入库，形成标准与法规数据库，在此基础上，研发现场监测数据与标准数据库、法规数据库的耦合关系，实现现场违法行为的快速识别，为执法人员现场执法提供充分的法律支撑，并及时对企业提出整改要求或进行行政处罚，做到有法可依，科学决策，提高执法水平。

（4）解决执法软件智慧决策辅助功能欠缺问题，实现智慧执法指挥

目前各类执法系统对大量环境数据的分析方法、模型和手段较为单一，执法软件辅助执法决策功能欠缺。因此，系统在设计上充分考虑提升生态环境执法管理大数据资源的综合应用能力和利用效率，充分利用 GIS 和大数据技术，实现基于地理信息系统的执法管理与决策辅助功能。通过汇集交互各类环境污染源基本信息、执法数据、现场监测数据、监管数据以及其他相关数据，建立大数据分析模型库和知识库，利用大数据深度挖掘分析技术，构建数据间的联系，充分挖掘数据价值，形成生态环境执法的综合性指标和深加工数据产品，服务于生态环境执法问题的诊断、评估与决策，为现场执法人员精准执法、远程执法指挥等提供技术支撑，实现生态环境执法智慧决策。

3.2 系统设计原则

为了提高软件系统的可维护性和可复用性，增加软件的可扩展性和灵活性，提高软件开发效率、节约软件开发成本和维护成本，同时根据生态环境执法工作的要求，为满足各级生态环境执法工作的需求，系统平台在

构架设计上应该充分考虑系统的整体发展需求，统一规划、统一布局、统一设计。因此必须遵循以下技术原则：

（1）先进性

充分利用国际上已有的先进执法辅助设备，包括便携式污染物监测设备、红外可视设备、无人机等，将设备取证结果与软件系统实现实时互通，发挥执法辅助威力。

（2）全流程性

实现执法软件系统的功能全面性，覆盖生态环境执法所涉及的全部业务流程，包括任务下达、执法人员分配、现场执法全流程、违法识别、处罚裁定、统计管理等。

（3）便捷性

充分吸取已有移动执法软件操作不便的经验教训，确保功能设计合理，界面友好、整齐简洁、层次清晰、一目了然，确保移动执法终端的便携性，使软件系统易用、好用。

（4）严谨性

确保辅助执法数据库、违法识别辅助数据库、处罚判定辅助数据库等的数据准确严谨，使执法软件切实能够发挥效用。

（5）安全性

确保执法数据、辅助数据库及实时交互环境数据的安全性，包括对数据库、文件和用户等的多级安全机制，数据的双机热备份，灾难恢复等。

（6）普适性

结合硬件工具包（执法车辆）监测设备的选配情况，使软件系统适合各类环境执法工作，各级执法人员可以根据执法对象、专项行动特点选择合理功能。

（7）可扩展性

充分考虑系统功能、系统数据和业务的扩展性，使用开放式系统结构设计；采用先进的 B/S 体系结构为各类辅助执法设备预留好各类接口。

3.3 系统架构设计

针对不同污染源大气污染监督执法需求，整合实际需求与平台建设目标，形成大气污染源现场执法监管信息系统的总体架构（图3-1）。

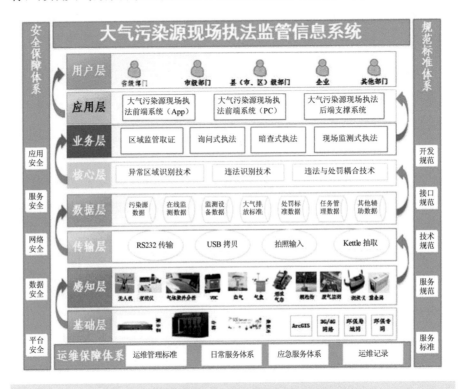

图 3-1 大气污染源现场执法监管信息系统总体架构

系统整体架构以生态环境部生态环境大数据框架为基础，构建具有基于物联网思想的生态环境执法平台的总体框架。总体框架以规范标准体系、安全保障系统及运维保障体系三大体系为基础。系统总体采用"一个数据中心、四个业务核心及三个应用系统"框架进行业务功能设计。

"一个数据中心"指将各类数据进行汇总、抽取、冲洗，整合为唯一的标准化数据库。

"四个业务核心"指区域监管取证、询问式执法（清单式执法）、暗查式执法、现场监测式执法。

"三个应用系统"为后端业务管理支撑系统、现场执法前端系统（PC）及现场执法前端系统（App）。

3.4 系统功能设计

"大气污染源现场执法监管信息系统"面向各级环境监察人员，提供任务管理、区域监管、执法取证、执法总结与处罚、执法助手、远程执法指挥、系统管理等功能（图 3-2）。

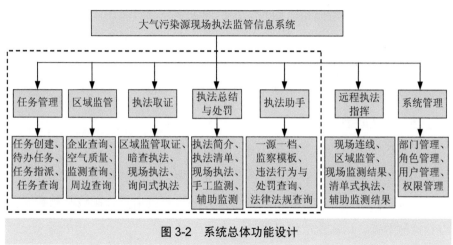

图 3-2 系统总体功能设计

（1）任务管理功能

任务管理为整个系统平台的"驱动中心"，执法任务通过任务管理功能模块创建下达。执法人员可查看任务基本信息、相关企业的详细信息、企业以往检查记录等，执法人员到达企业现场，根据下达的任务内容，对企业进行检查并进行相关取证。

（2）区域监管功能

提供基于 GIS 的区域基础信息与区域遥测信息展示与查询功能，可对已下达任务的企业进行查询，同时还可以查询该企业周边企业的信息；并提供空气质量监测查询功能，可对国控站点的空气质量进行查询。

（3）执法取证功能

按照区域监管、暗查式执法、现场执法等不同执法任务需求，提供执法取证数据的数据录入与传输端口。可实现无人机可见光遥感影像数据传输、无人机紫外传感器监测数据传输、无人机湿度传感器监测数据传输、无人机气体检测仪监测数据传输、各类车载遥测数据传输、各类手持式便携监测设备监测数据传输。同时，执法人员通过选择不同工业的问询式执法清单模板，实现执法结果的快捷录入。

（4）执法总结与处罚功能

提供现场执法采集数据的全面查询与展示功能，并通过违法识别与处罚判定功能形成执法结论，同时，提供便携式监测设备历次监测结果。执法采集数据展示包括执法清单、现场执法监测结果、手工监测结果、车载DOAS 走航结果、无人机遥测结果、激光雷达扫描结果等以及对各类数据的违法识别与判定结果。

（5）执法助手功能

提供执法所需的各类法律法规、排放标准、技术规范，并提供各类违法行为的处罚结果查询。同时，提供企业一源一档信息查询，执法人员可通过企业名称查询企业排污许可证信息、环评审批信息、在线监测数据、自行监测数据、历次执法信息等。

（6）远程执法指挥功能

实现现场环境执法的远程指挥功能。通过远程指挥舱的形式，实时连线现场执法记录仪影像，并通过实时展示各类监测设备现场监测数据及数据分析结果，实现执法指挥的智慧决策。

（7）系统管理功能

实现对系统基础数据配置维护及系统登录用户权限的管理，能够动态配置用户的操作权限，防止非法或越权使用本系统，包括部门管理、角色管理、用户管理、权限管理、日志管理、任务来源管理及系统菜单管理等功能。

3.5　系统业务流设计

系统监管与计算平台总体业务体系如图 3-3 所示。

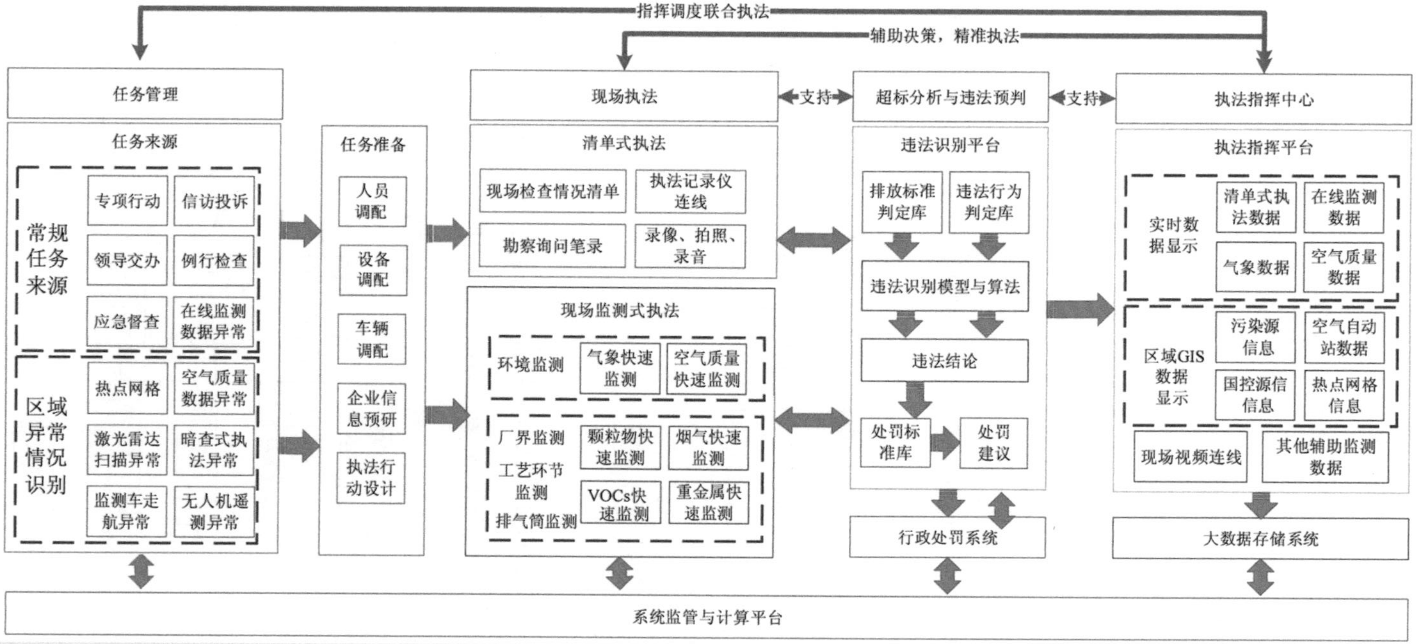

图 3-3　系统监管与计算平台总体业务体系

系统建设由任务管理、现场执法、耦合分析与违法预判、监管平台以及调度中心五大部分构成。

任务管理为系统平台的"驱动中心"。通过任务管理将所有工作录入系统中，分解成有序多个子任务或角色（人员），按照一定的规则执行任务并全程监控，驱动任务和人员的协同工作，形成任务的闭环管理。

现场执法为系统平台的"感知器官"。通过执法过程不断积累数据、记录数据以及产生现场监测数据。

耦合分析与违法识别是系统平台的"神经中枢"。通过违法识别模型功能直接为平台使用者提供违法与处罚建议。

监管平台勾勒出了系统平台的整体"轮廓外貌"。通过管理中心能够管理整个系统的基础数据，数据按资源目录体系进行管理。

调度中心是系统平台的"智慧执法"。通过对现场执法的数据监控，领导和专家能够远程指挥现场人员进行执法，从中发现执法过程中存在的问题，从而使现场执法更加流程化和规范化。

3.6 系统数据流设计

结合项目需求调研及移动执法业务需求，将执法模型分为询问式执法、暗查式执法和现场监测式执法三大执法方式，最终形成如下技术路线图（图 3-4～图 3-8）。

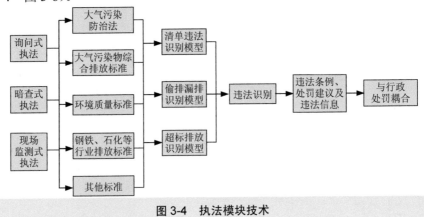

图 3-4 执法模块技术

3.6.1 现场执法监管整体数据流设计

现场执法监管整体数据流设计如图 3-5 所示。

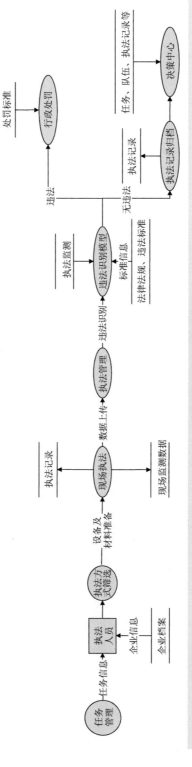

图 3-5 现场执法监管整体数据流设计

3.6.2 询问式执法数据流设计

询问式执法数据流设计如图 3-6 所示。

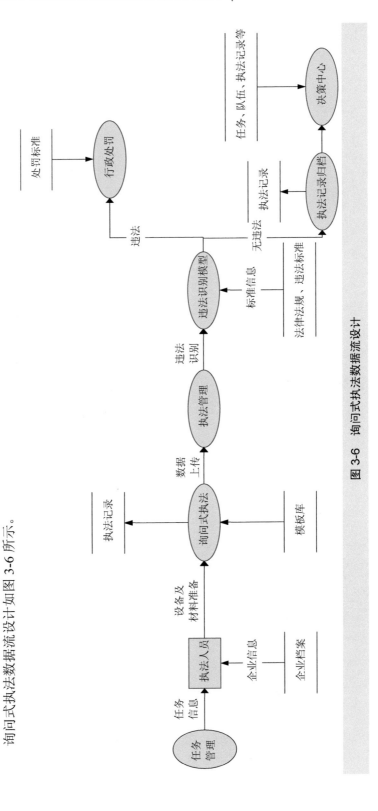

图 3-6 询问式执法数据流设计

3.6.3　暗查式执法数据流设计

暗查式执法数据流设计如图 3-7 所示。

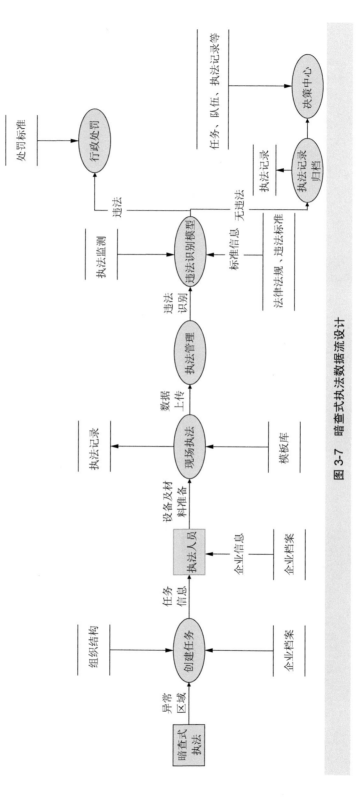

图 3-7　暗查式执法数据流设计

3.6.4 现场监测式执法数据流设计

现场监测式执法数据流设计如图 3-8 所示。

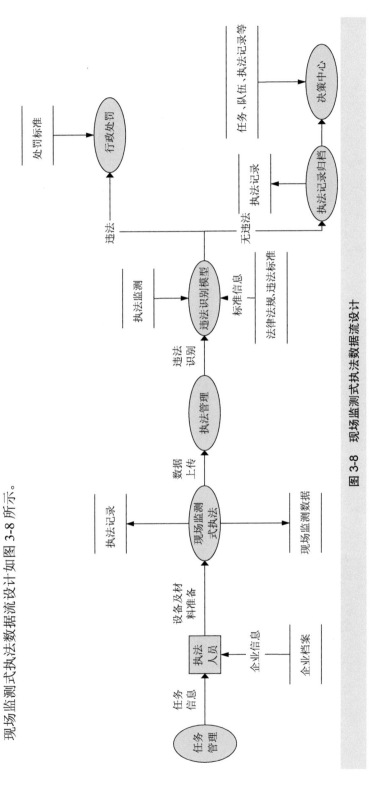

图 3-8 现场监测式执法数据流设计

3.7 系统权限设计

3.7.1 基本思想

系统采用角色访问控制（RBAC）权限，RBAC模型作为目前最为广泛接受的权限模型，其引入了Role的概念，目的是隔离User（即动作主体，Subject）与Privilege（权限，表示对Resource的一个操作，即Operation+Resource）。Role作为一个用户（User）与权限（Privilege）的代理层，解耦了权限和用户的关系，所有的授权应该给予Role而不是直接给User或Group。Privilege是权限颗粒，由Operation和Resource组成，表示对Resource的一个Operation。例如，对于新闻的删除操作。Role-Privilege是Many-to-Many的关系，这就是权限的核心。

基于RBAC法的两大显著特征是：

（1）由于角色-权限之间的变化比角色-用户关系之间的变化相对要慢得多，从而减小了授权管理的复杂性，降低了管理成本。

（2）灵活地支持企业的安全策略，并对企业的变化有很大的伸缩性。

RBAC的关注点在于Role和User、Permission的关系，称为UA（User assignment）和PA（Permission assignment）。关系的左右两边都是Many-to-Many的关系，就是User可以有多个Role，Role可以包括多个User。

3.7.2 系统管理员权限设计

系统管理员拥有对系统的绝对控制权限，对系统中所有的页面都具有操作权限，但其主要职责为系统管理中的部门管理、用户管理、角色管理、权限管理、菜单管理等，并对系统的人员、权限及系统的基本信息进行维护与更新。系统管理员只对系统平台的基础信息进行维护，原则上不对任何执法行为进行操作。系统管理员主要的工作情景如下：

（1）单位出现组织结构的调整，系统管理员可通过系统管理中的部门管理，将整个结构名称进行重新规划，之后再在用户管理中将人员的部门和角色重新划定。

（2）用户忘记登录密码，系统管理员可在系统管理中的"用户管理"界面，将用户密码进行重置，用户登录系统后再将密码重新修改。

（3）用户进行了部门调整，系统管理员可在用户管理中的"用户管理"界面，重新划定新的部门及权限。

（4）系统管理员可在系统管理中的"菜单管理"界面，对菜单的名称及顺序根据实际情况进行调整。

3.7.3　管理者权限设计

管理者拥有任务管理、区域监管、执法取证、执法总结与处罚、执法助手及执法指挥的权限，管理者的主要工作为任务创建及下发、执法总结的查看、对执法任务的指挥及企业的违法行为是否需要立案的判定。

（1）管理者能够在任务管理中创建任务，并将任务下发给执法人员；

（2）在执法总结与处罚中查看任务的执法情况及判断任务中所产生的数据是否违法；

（3）管理者可通过执法指挥功能远程指挥执法人员的现场执法情况。

3.7.4　执法人员权限设计

执法人员登录自己的账号后能够看到分配给自己的任务，可对任务进行执法流程操作，包括在流程中填写表单、上传图片、上传数据等；同时可以查看与执法相关的信息，如通过执法助手、区域监管等功能来协助执法人员更好地完成执法任务。任务执行过程中记录具体的执法操作人员，便于后期的数据统计。

（1）执法人员登录系统之后，筛选属于自己的待办任务进行执法，填写执法清单、调查询问笔录、现场检查（勘察）笔录、现场取证音视频及现场监测数据；

（2）收到执法任务可通过"区域监管"查询企业位置，导航到企业进行执法；

（3）可在执法助手中查看法律法规等辅助信息，以更好地完成执法任务。

第 4 章

数据库设计

4.1 数据库目录构建原则

数据库建设是系统建设的关键。在建库时，要充分考虑数据有效共享的需求，同时也要保证数据访问的合法性和安全性。数据库采用统一的坐标系统和高程基准，矢量数据采用大地坐标的数据，在数值上是连续的，可避免高斯投影跨带问题，从而保证数据库地理对象的完整性，为数据库的查询检索、分析应用提供方便。在物理上，数据库的建设要遵循实际情况，即在逻辑上建立一个整体的空间数据库、框架统一设计的同时，各级比例尺和不同数据源的数据分别建成子库，由开发的平台管理软件来统一协调与调度。建库时应该重点考虑以下几方面：

（1）独立与完整性

数据独立性强，应使应用系统对数据的存储结构与存取方法有较强的适应性，通过实时监控数据库事务（主要是更新和删除操作）的执行，来保证数据项之间的结构不受破坏，使存储在数据库中的数据正确、有效。

（2）面向对象的数据库设计

空间数据表和非空间数据表作为一个类，表中的每一个行对应两个空间对象或非空间对象，建模采用 UML 语言。

（3）建库与更新有机结合

通过建立空间实体之间的时间变化关系表的形式，解决空间实体历史数据的保存问题。空间数据库的设计要进行规范化处理，以减少数据冗余，确保数据的一致性。

（4）分级共享

明确基础数据与专题、专业数据的划分，区别是对待地形、地籍、环境、规划等信息构成的基础空间信息和各委办局的共享业务数据。

（5）并发性

当多个用户程序并发存取同一个数据块时应对并行操作进行控制，从而保持数据库数据的一致性。例如，不因为多名用户同时调阅某项资料并进行编辑而产生该数据资料的歧义。

（6）实用性原则

共享空间数据库建设应全方位、动态实时和准时地为各级领导和各级部门提供科学的基础数据和专业数据。

4.2　执法系统数据清单

执法系统数据主要包括但不限于以下内容（图4-1）：

（1）基础数据

① 企业一源一档信息；

② 国控源在线监测数据；

③ 全国空气质量监测点位数据；

④ 热点网格数据；

⑤ 执法清单模板数据；

⑥ 排放标准数据；

⑦ 法律法规数据；

⑧ 地理信息数据；

⑨ 执法助手数据。

（2）动态变化数据

① 便携式设备监测数据；

② 激光雷达数据；

③ DOAS 数据；

④ 无人机遥测数据；

⑤ 清单式执法数据；

⑥ 第三方监测数据；

⑦ 执法人员数据；

⑧ 执法任务数据；

⑨ 系统基础数据。

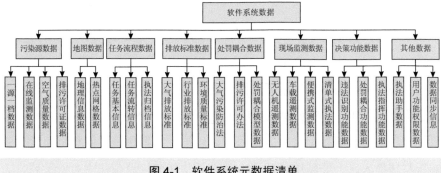

图 4-1　软件系统元数据清单

4.3　执法系统数据库设计

依据数据库建设原则，切实结合实际业务，数据库构建如表 4-1 所示。

表 4-1　数据库目录

序号	数据库名称	数据结构
1	基础数据数据库	结构化数据
2	一源一档数据库	结构化数据
3	采集数据数据库	结构化数据
4	中间数据库	结构化数据
5	函数数据库	结构化数据
6	图片数据库	非结构化数据
7	影像数据库	非结构化数据
8	任务流程数据库	结构化数据
9	任务总结数据库	结构化数据
10	任务执法数据库	结构化数据
11	权限数据库	结构化数据
12	法律法规数据库	结构化数据
13	国家对接中间库	结构化数据
14	在线监测数据库	结构化数据
15	视频数据库	非结构化数据

4.4　执法数据采集技术与汇集方法

　　系统中数据采集和汇集采用的是爬虫和上传的方式，互联网中的数据通过爬虫的方式，解析页面数据后转换成指定数据格式，保存到数据库中。执法过程中的数据以上传的方式入库，结构化数据按既定的数据格式进行解析与转换入库，非结构化数据上传之后与任务、设备建立对应关系，方便后续读取。

　　在数据转换中主要遇到类型转换、代码转换、字段合并、行列转换等转换内容。类型转换主要存在源数据和目标数据结构中对字段类型的定义不同的问题，在具体转换中，采用了两种处理方式：一种是在程序中使用类型转换函数处理；另一种是在 SQL 语句中使用 SQLServer 提供的转换函数处理。代码转换主要源于源系统建设时使用的标准与现有标准不同。在此采用了内容对照表的方式进行转换处理。字段合并指源系统的多个字段在现有系统中采用一个字段保存，采用存储过程将字段合并。行列转换的情况比较特殊，需要根据实际情况采用 SQL 语句或存储过程来实现。

　　数据清洗是检测和移除数据的错误和数据间不一致性，以便提升数据质量的过程。数据清洗通过定义转换规则和解决冲突来保证数据质量。数据清洗活动是数据治理过程的重要组成部分，清洗活动依附于数据的抽取、转换和加载的各个环节，在各个环节中保障数据的质量和数据间的一致性，从而降低数据清洗工作的复杂程度，提高数据清洗的效率。

　　数据清洗问题在数据源的异构性上分为单数据源问题和多数据源问题，又进一步分为模式层问题和实例层问题。单数据源模式层问题主要包括数据库缺乏整体的约束，不好的数据表设计等导致违反了唯一性和引用完整性等。单源实例层问题包括数据输入错误导致拼写错误，重复记录和矛盾值等的数据模型和数据表设计导致命名冲突和结构冲突。多源实例层问题包括记录重叠、冲突和不一致的数据导致不一致的聚集等。

4.5 执法数据库安全设计

数据库安全与保护数据库安全是指保护数据库以防止非法用户的越权使用、窃取、更改或破坏数据。数据库安全涉及很多层面，系统从以下几个层面做了安全措施设计：

（1）物理层

重要的计算机系统必须在物理上受到保护，以防止入侵者强行进入或暗中潜入。数据库服务器物理环境依托于服务器机房和网络环境以及健全的机房管理制度来保障数据库服务器的安全。

（2）操作系统层

服务器操作系统及数据库管理均设置不同的复杂口令，同时对访问用户权限进行限制。

（3）操作员层

数据库操作的建立、应用和维护等工作，均由专人专职进行管理，并制定相应的管理制度。

（4）数据库系统层

数据库系统需有完善的访问控制机制，以防止非法用户的非法操作，正常用户所有数据操作均需保存操作日志，敏感信息密文存储。

第 5 章

物联网监测设备选型与数据融合设计

在大气环境执法监测过程中，往往会遇到不同的情况，这就要求必须在适宜的场景匹配合适的设备，发挥移动监测设备的最大效能，从而进一步提高工作效率。目前市面上的相关监测设备五花八门，如何精准地选择适合的监测设备是建设系统的关键。

5.1　监测设备执法选型

根据使用方式进行划分，大气环境执法监测设备可分为车载、机载和便携式监测设备三类，针对不同设备功能与监测内容需求，对监测设备进行选型与介绍，具体见表 5-1。

表 5-1　设备功能与监测内容清单

序号	使用方式	设备名称	功能或监测内容简介
1	机载	无人机可见光拍摄仪	区域航拍、企业排气检查（包括基于排污许可证的批建一致性监测、筒烟气拖尾情况监测）
2		无人机红外热像仪	夜间拍摄照片、暗查企业环保设施运行情况、偷排漏排情况
3		无人机紫外高光谱仪	SO_2、NO_x 气体分布监测分析
4		无人机气体检测仪	CO 等气体分布监测分析
5		无人机湿度检测仪	排气筒周边水汽监测分析
6	车载	车载激光雷达扫描仪	基于区域气溶胶分布情况的异常区识别
7		车载 DOAS 遥测系统	监测厂界 SO_2、NO 柱浓度，反演排气筒柱浓度
8		车载空气质量 6 参数仪	测试风速、风向、湿度、气压
9		低浓度多组分紫外分析仪	SO_2、NO_2、苯、甲苯等多组分气体厂界及无组织排放监测
10	便携	便携式烟气分析仪	SO_2、NO_x 监测
11		便携式无组织颗粒物检测仪	无组织颗粒物监测
12		便携式有组织颗粒物检测仪	有组织颗粒物监测
13		便携式烟气汞检测仪	测试排气筒汞含量
14		便携式烟气铅检测仪	测试排气筒铅含量
15		便携式非甲烷总烃检测仪	测试烟道非甲烷总烃含量
16		便携式 VOCs 检测仪	无组织 VOCs 监测
17		便携式红外夜视仪	夜间拍摄照片、暗查企业环保设施运行情况、偷排漏排情况

5.2　监测设备执法用途

（1）机载可见光拍摄仪

异常区识别方式为烟气黑度识别（固定源大气污染源违规或超标排放会产生灰色或黑色浓烟且拖尾较长，而经过环保设施处理的烟气则呈白色且无拖尾现象），识别企业类型为发电厂、钢铁厂、焦化厂等企业园区。数据以正射影像图的格式导入系统，对烟囱、厂房、配套设施及烟羽自动识别。

（2）机载红外热像仪（图 5-1）

机载红外热像仪对企业排污口及环保设施进行监测。排污口温度监测用于检验是否存在排污现象，如果排污口温度高于周边环境，则证明排污口有气体排出，可能存在排污现象；而环保设施温度监测则可以间接反映环保设施运行状况，如环保设施温度与周边环境相同，则证明环保设施未正常开启。

图 5-1　机载红外热像仪

（3）机载紫外高光谱仪（图 5-2）

机载紫外高光谱仪对企业排放废气（SO_2 等）是否超标进行监测，对企业排污口及周边区域进行监测反演。污染气体 SO_2 浓度高于正常值则为超标不合格排放（对影像进行基于 DOAS 的 SO_2 反演，通过污染源违规判定模型进行判定，若为超标排放，则对影像进行基于 PCA 算法的 SO_2 反演，再通过污染源违规判定模型重新判定）。可用于监测发电厂、钢铁厂、焦化厂等企业园区的排放气体。

图 5-2　机载紫外高光谱仪

（4）无人机气体检测仪

无人机机载气体智能检测模块，用于区域大气环境监察，通过搭载于无人机的高精度传感器，可同时监测大气温湿度、$PM_{2.5}$、PM_{10}、SO_2、NO_2、CO、O_3 等多种污染参数以及进行 CO 等气体分布监测分析，实时传输大气环境数据到地面平台。无人机气体检测仪可以对某一区域进行立体全面的监测，且响应速度快、监测范围广、受地形干扰小。

（5）无人机湿度检测仪（图 5-3）

监测对象为排污口烟气湿度，利用无人机搭载的多光谱相机对污染源排放的烟气进行拍照取证，将各通道光谱值作为输入层，利用 BP 神经网络反演烟气湿度值，同时利用无人机搭载的湿度仪测得的湿度值对反演的烟气湿度值进行测试验证，确定 BP 神经网络反演结果的准确性。根据排污口烟气湿度可判断湿法除尘、脱硫工艺的环保设施是否开启，因此监测烟气湿度也可间接监察企业排污状况。

图 5-3　无人机湿度检测仪

（6）车载激光雷达扫描仪（图 5-4）

气溶胶激光雷达 EV-Lidar-CAM，用于连续监测大气气溶胶的分布，分析气溶胶的组成结构和时空演变。可全方位 360°无死角监测城市范围内污染物（$PM_{2.5}$、PM_{10}）分布，还可对指定区域持续扫描观测，扫描结果经过解算、可视化，叠加在地图上，通过雷达分析软件查看监测区域的颗粒物分布情况，可用于定位污染源，如烟囱、工地扬尘等；可得出水平及垂直高度每 5 m 为分辨距离的矩阵式颗粒物分布数据。用于监测典型颗粒物排放企业，主要为冶金、矿山、水泥、热电厂、建材、铸造、化工、轻工及所有涉及锅炉的行业。

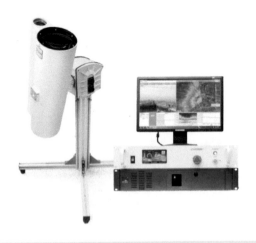

图 5-4　车载激光雷达扫描仪

（7）车载 DOAS 遥测系统（图 5-5）

异常区域识别方式为监测 SO_2、NO_x，用于超标排放区域或单个企业的初步锁定。通过软件采集光谱信号计算机进行光谱解析，同时采集软件从 GPS 接收机的报文中记录下采集当前光谱时对应的经纬度、车速和航向信息。同时软件中柱浓度反演部分根据事先设定好的背景参考光谱、气体标准吸收界面和反演波段等计算痕量气体（如 SO_2）的垂直柱浓度，在完成一次测量后将风速、风向等参数代入软件中排放通量计算部分即可获取该污染源当前某种污染气体的排放通量。车载 DOAS 遥测系统的监测范围较广，非接触性测量方法可以避免一些误差污染源的影响，从而确保测量的准确性，主要用于钢铁、火电、石化等行业监测。

图 5-5　车载 DOAS 遥测系统

（8）车载空气质量 6 参数仪（图 5-6）

监测对象为大气中的 PM_{10}、$PM_{2.5}$、SO_2、NO_2、O_3、CO 等参数，用于企业厂界现场监测。微型空气质量传感监测仪采用光散射法和电化学法对大气参数进行测量，监测的数据可通过无线通信方式自动上传到大数据云平台，实现"物联网+大数据+云计算"的智能监测、精准溯源的功能。车载空气质量 6 参数仪多应用于重点源监控（工厂、工业园"散乱污"企业等），提供全方位区域内污染分布状况。

图 5-6 车载空气质量 6 参数仪

（9）低浓度多组分紫外分析仪（图 5-7）

监测 SO_2、NO_x、苯、甲苯 4 种大气污染物浓度，用于火电、石化、钢铁等行业的厂界及无组织排放的现场监测，用来初步识别超标排放区域。SO_2、NO_x、苯、甲苯的测量均使用紫外差分吸收光谱分析技术，基于不同气体吸收紫外光谱不同波段的特性，通过测量被吸收的波长和吸收强度的多少，由朗伯-比尔定律计算出相应气体的浓度。该法测量精度高，成本较低，可同时测量多种成分且结果可靠，应用较广泛。

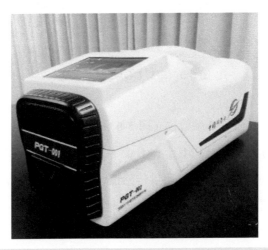

图 5-7 低浓度多组分紫外分析仪

（10）便携式烟气分析仪（图 5-8）

德图 TESTO350PRO 便携式烟气分析仪，用于监测排气筒烟道气气态污染物及烟气参数，监测项目有 NO_2、CO、SO_2、O_2、CO_2、温度、流速、压力。NO_2、CO、SO_2、O_2 的测量采用电化学气体传感器工作原理，待测气体顺着气路进入各传感器室，经由渗透膜进入电解槽，使在电解液中被扩散吸收的气体在规定的氧化电位下进行电位电解，根据耗用的电解电流求出其气体的浓度。CO_2 的测量采用红外传感器工作原理，利用 CO_2 气体对红外波长的电磁波能量具有特殊吸收的特性，进行 CO_2 气体成分和含量分析。通过烟道气气态污染物及烟气参数测量可判断企业是否存在超标排放现象。

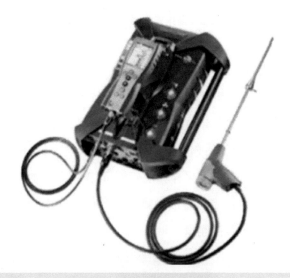

图 5-8　便携式烟气分析仪

（11）便携式无组织颗粒物检测仪（图 5-9）

β射线法-便携式无组织颗粒物快速监测仪器，用于石化、钢铁、涉重金属等行业的厂界颗粒物浓度监测，以判断污染区域。采用β射线吸收法，利用低能量 C^{14} 作为β射线源，照射粉尘捕集前和捕集后的滤纸，并测定透过滤纸的β射线强度，便能间接测出附在滤纸上的粉尘质量，从而得到颗粒物浓度。

图 5-9　便携式无组织颗粒物检测仪

（12）便携式有组织颗粒物检测仪（图 5-10）

β射线法-便携式有组织颗粒物快速监测仪器，用于石化、钢铁、涉重金属等行业的排气筒颗粒物浓度监测，考察烟尘排放是否超标。采用β射线吸收称重原理与等速跟踪法或恒流采样法相结合，针对污染源有组织排放气体中的颗粒物浓度进行自动采样和准确测量。β射线法-便携式有组织颗粒物快速监测仪器适合对固定源排放中颗粒物的排放浓度、排放总量、脱尘脱硫效率等参数的现场直接测量。

图 5-10　便携式有组织颗粒物检测仪

（13）便携式烟气汞检测仪（图 5-11）

日本 NIC EMP-2 便携式测汞仪，用于测量排气筒烟道气中汞的含量，判定企业是否超标排放。采用原子吸收法，当光源发射的某一特征波长的光通过汞蒸气时，原子中的外层电子将选择性地吸收其同种元素所发射的特征谱线，使入射光减弱，减弱的程度为吸光度，根据吸光度计算公式可得到汞的含量。日本 NIC EMP-2 便携式测汞仪可对汞含量进行现场实时检测，还能追踪到污染源，操作简单，灵敏度高，数据可靠。

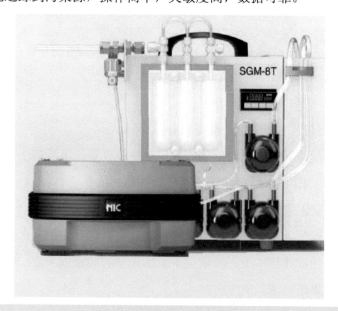

图 5-11　便携式烟气汞检测仪

（14）便携式烟气铅检测仪（图 5-12）

用于测量铅含量，用于典型涉铅行业（铅蓄电池行业、再生铅行业）排气筒烟道气中铅含量的检测，考察铅排放是否超标。采用 X 射线荧光光谱法现场完成铅元素的检测和分析，样品中铅元素的原子受到高能 X 射线照射时，会发射出具有一定特征的 X 射线谱，谱线的强度即反映铅元素的含量。

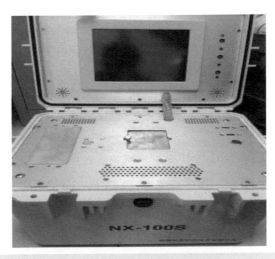

图 5-12　便携式烟气铅检测仪

（15）便携式非甲烷总烃检测仪（图 5-13）

用于测量排气筒烟道内烟气的非甲烷总烃含量，用于初步判定企业排放是否超标。采用 FID（氢火焰离子化检测器）技术，样品流经氢火焰时会使有机分子发生氧化并产生带电粒子（离子），然后收集离子产生待测电信号，根据电信号大小对非甲烷总烃含量进行分析。对于某家企业，如果便携式检测为超标排放，下一步需用手工法采样、实验室测定；若同样为超标，则判断为超标排放或违法。

图 5-13　便携式非甲烷总烃检测仪

（16）便携式 VOCs 检测仪（图 5-14）

便携式 VOCs 分析仪 TVA-2020，用于检测挥发性有机物浓度，初步锁定超标排放区域。采用火焰离子化检测器（FID）或双检测技术（FID/PID-光离子化检测器），能够快速、准确地测量 TVOC、NMHV、CH_4 等的含量。PID-光离子化检测器主要由紫外灯光源和离子室构成，在离子室有正负电极，形成电场，待测气体在紫外灯的照射下离子化，生成正负离子，在电极间形成电流，经放大输出信号。常用于制造业、印刷业、炼焦厂等工业区厂界监测。

图 5-14　便携式 VOCs 检测仪

（17）便携式红外夜视仪（图 5-15）

对企业排污口及环保设施进行夜间温度监测，将来自排污口或环保设施的红外光信号转换成为电信号，然后再把电信号放大，并把电信号转换成人眼可见的光信号。排污口温度监测用于检验是否存在排污现象，如果排污口温度高于周边环境，则证明排污口有气体排出，可能存在排污现象；而环保设施温度监测则可以间接反映环保设施运行状况，如环保设施温度与周边环境相同，则证明环保设施未正常开启。

图 5-15　便携式红外夜视仪

5.3　设备执法目标设计

　　根据各设备特点，按照区域监管取证、暗查执法取证、现场执法取证三大方式，选取所需硬件设备，实现执法取证数据需求，具体内容见表 5-2。

表 5-2　执法环节设备选取情况

执法环节		设备
区域监管取证		无人机可见光摄像仪
		无人机红外热像仪
		无人机紫外高光谱仪
		无人机气体检测仪
		无人机湿度检测仪
		车载激光雷达扫描仪
暗查执法取证	设备排气筒遥测	无人机可见光摄像仪
		无人机红外热像仪
		无人机紫外高光谱仪
		无人机气体检测仪
		无人机湿度检测仪
		车载 DOAS 遥测系统

执法环节		设备
暗查执法取证	厂界监测	车载空气质量 6 参数仪
		便携式无组织颗粒物检测仪
		车载 DOAS 遥测系统
		便携式 VOCs 检测仪
现场执法取证	排气筒监测	便携式有组织颗粒物检测仪
		便携式烟气分析仪
		便携式烟气汞检测仪
		便携式烟气铅检测仪
		便携式非甲烷总烃检测仪
		低浓度多组分紫外分析仪
	厂界监测	车载空气质量 6 参数仪
		便携式无组织颗粒物检测仪
		便携式 VOCs 检测仪
	工艺节点监测	便携式无组织颗粒物检测仪
		低浓度多组分紫外分析仪

5.4　软硬件数据通信技术

在信息技术迅速发展的今天，无论是生活消费还是在工业控制中，利用计算机采集各种信息，进行数字化记录，并在信息系统中进行综合管理和必要的数据分析已非常普遍。但在实际应用场合，往往不是由 PC 机而是由专门的硬件装置直接采集现场数据，因此要完成软硬件的数据通信，则成为开发应用系统必须考虑的问题。系统需要接入 10 余种监测设备数据，各设备输出的数据格式不统一，应用场景不同，如何能够高效、实时地将数据传输到系统平台，满足监察业务需求，成为系统需要解决的关键技术点。

通过了解硬件尺寸、输出参数及传输方式等信息，将监测设备按输出数据格式分为视频、图片、报文、拍照、Excel 和 TXT 六类输出格式，针对不同的数据定制数据传输解析方式，将大部分数据汇聚到车载电脑中，通过车载 4G 模块与后台支撑系统进行交互（图 5-16）。

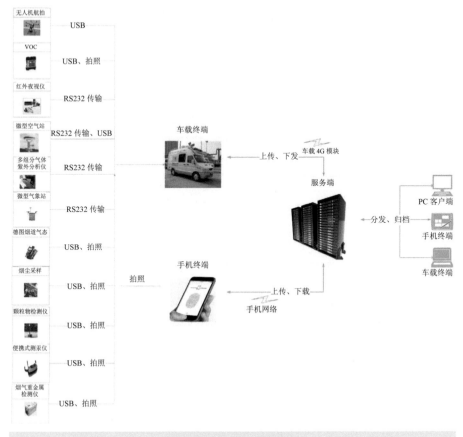

图 5-16　软硬件通信设计

（1）视频

首先从设备中将视频通过 USB 接口方式拷贝到车载电脑中，在车载电脑上打开软件系统选择对应的设备将文件进行上传，传输过程中会将视频进行压缩处理，减少服务器存储及网络流量的压力，并按照一定规则进行重命名与任务及企业建立对应关系。

（2）图片

首先从设备中将图片通过 USB 接口方式拷贝到车载电脑中，在车载电脑打开软件系统选择对应的设备将文件进行上传，传输过程中会将图片进行压缩处理，减少服务器存储及网络流量的压力，并按照一定规则进行重命名与任务及企业建立对应关系。

（3）报文

报文数据格式采用数采程序实时监控设备的 RS485 串口协议，设备按照国标 212 协议进行传输，监听不同的串品，为不同监测设备定制解析方法对数据进行实时解析保存到车载电脑数据库中，在车载电脑端选择对应的设备会展示出最近获取到的数据，用户通过手工选择需要上传的数据（图 5-17）。

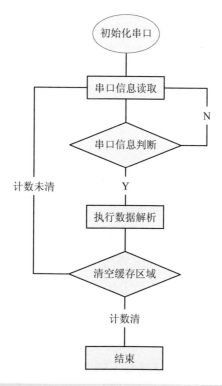

图 5-17　串口解析流程

（4）Excel

部分监测设备可直接导出 Excel 格式化的数据，将文件通过 USB 接口方式传输到车载电脑中，软件系统将对不同设备输出的 Excel 定制解析方式，证据上传时选择相应的设备、任务再选择需要上传的 Excel 文件，车载电脑离线执法端将数据解析保存至车载电脑数据库中，待任务上传时一并回传到后台支撑系统数据库中。

（5）拍照

将便携式监测设备带到厂区进行监测，如果距离执法车较远，可通过前端移动执法系统拍照并输入监测项值，由前端移动执法系统通过手机网络传输至后台支撑系统数据库中，作为该任务的执法依据。

（6）TXT

部分便携式监测设备可直接导出 TXT 格式的文件，将设备与车载电脑通过 USB 接口连接，文件拷贝到车载电脑中，在车载电脑离线执法端选择设备型号将数据解析至车载电脑数据库中，待任务上传时一并回传到后台支撑系统数据库中。

5.5 多元数据融合技术

单一来源的信息已经无法满足监察业务对数据信息的丰富度、实时性、准确可靠性等方面的要求，本系统接入了 10 余种监测设备数据及互联网爬取的数据，有结构化和非结构化的数据，如何将这些数据更好地应用到监察业务中，以增加数据的置信度、提高可靠性、降低不确定性，成为首要解决的难题，这就需要数据融合技术从多源的数据中进行估计和判决。

多源异构数据融合技术可以把分布在不同位置的多个同类或异类传感器以及现场检测所提供的不同种类数据加以综合，消除信息之间可能存在的冗余和矛盾，加以融合，降低其不确定性，以形成对系统环境相对完整一致的感知描述，同时按照一定准则进行自动分析、综合，完成目标识别、决策和评估任务所进行的数据处理过程。多源异构数据融合技术流程见图 5-18。

基于红外、无人机、地面等立体化监测数据，利用数据融合、协同及同化技术，实现基于大数据的污染物溯源分析，同时针对重点污染源构建常规监察数据库，使环境监察执法有据可依。采用 Kalman 滤波等融合方法进行天空地数据同化，采用泰勒级数展开模型进行数据的转换，综合利用多源定量时空融合方法，使环境数据在时间分辨率、空间分辨率、时空完整性以及精度等方面具有一定互补性。

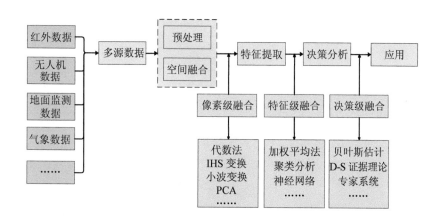

图 5-18　多源异构数据融合技术流程

为了更加准确地划定污染重点区域，为现场执法者提供准确定位，采用热点网格技术划分污染区（图 5-19）。通过激光雷达、红外、无人机和地面监测各种方式获取污染源相关数据，并对数据做预处理和存储；使用核心算法，利用数据计算各类污染浓度，并模拟全区域污染演变情况，反演定位污染源头，再通过测点数据、气象数据核对；将全部参与分析的区域分成 3 km×3 km 的网格，并对网格进行标记编号，将污染源头和重点所在的网格突出显示，其他网格隐藏，由此确定污染重点网格，并结合 GIS 数据，在地图上展示网格；抽取其中 2%～5%的重点网格，实地检查网格覆盖当地污染源的比例，通常首次得出的网格覆盖率为 80%～90%，如果覆盖偏差较大，则对核心算法进行参数修订，重新确定计算遥感数据、划分重点网格，直到网格覆盖当地污染源的 85%以上，这样既可确保覆盖率，也可保障网格不至太多，造成重点不突出的问题。

通过热点网格方法将激光雷达和红外数据作为分析重点，其他数据作为分析辅助，可更加准确地划分污染重点区域，准确对污染源头进行定位，污染重点区域定位准确性将大大提升。

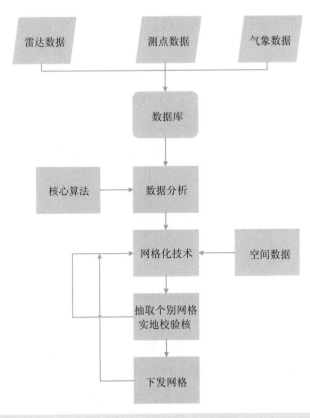

图 5-19　热点网格技术流程

第6章

大气现场执法清单设计

6.1 执法清单设计思路

为使执法人员现场执法目标明确、执法流程合理、执法记录便捷，在系统设计上，制定了"清单式执法"功能，执法清单的检查内容重点针对企业环保规范性审查、设施运行情况审查等。由于不同行业现场检查重点不同，根据项目特点，优先完成钢铁、石化、铅蓄电池、再生铅 4 个行业的现场执法清单。清单在制定过程中综合了现行各类执法系统的现场执法模块优势，同时，分行业邀请 20 余位行业专家，对清单进行指导论证，最终形成《钢铁行业现场执法清单》《石化行业现场执法清单》《铅蓄电池行业现场执法清单》《再生铅行业现场执法清单》《其他行业现场执法清单》。

分行业执法清单明确了执法人员现场检查重点，检查内容暗含执法流程，便于执法人员根据不同执法任务开展现场执法工作，对执法经验不足、执法业务欠缺的执法人员也可有效引导。同时，系统提供对执法结果和违法情况的智能总结与判定，自动生成执法记录单，提高执法效率。

各类执法清单主要按照排污许可证执行情况、排气筒与采样平台设置情况、大气污染防治设施建设运行情况、自动监测情况等进行设置。

（1）排污许可证执行情况审查

①总体情况（包括排污单位排污许可证申报情况、排污口情况、年度报告、季度报告报送情况等）；

②执行报告规范性；

③自行监测开展情况；

④治理设施运行台账。

（2）排气筒与采样平台设置情况

①排气筒规范化情况；

②采样平台规范化情况。

（3）大气污染防治设施建设运行情况

①有组织污染防治设施建设运行情况；

②无组织污染防治设施建设运行情况；

③清洁运输设施建设运行情况。

（4）自动监测情况

①污染源自动监测设施现场端建设规范化情况；

②自动监测设施运行情况。

6.2　钢铁行业清单

钢铁企业现场检查记录单如表 6-1 所示。

表 6-1　钢铁企业现场检查记录单

企业名称：　　　　　　　　　　企业地址：
检查日期：　　　　　　　　　　检查人员：

类别	内容	序号	判断依据	是	否	备注说明
排污许可证执行情况	总体情况	1	排污单位是否按时进行排污申报，是否按时申领、更换排污许可证			
		2	是否具有年度执行报告、季度执行报告			
		3	是否有通过未经许可的排放口排放污染物的行为			
		4	污染物排放浓度和排放量是否满足标准和总量控制的要求			
		5	废气收集处置设施及在线监测设施等是否满足运行规程要求			
		6	是否存在法律禁止的无组织排放行为			
		7	是否落实了减排、限产等相应任务			
		8	运行台账是否记录齐全			
		9	是否制定应急预案并落实			
	执行报告是否规范	10	季度执行报告和月度执行报告（如有）是否包括根据自行监测结果说明污染物实际排放浓度及达标判定分析			
		11	季度执行报告和月度执行报告是否包括排污单位超标排放或者污染防治设施异常情况的说明			

类别	内容	序号	判断依据	是	否	备注说明
排污许可证执行情况	执行报告是否规范	12	年度执行报告是否包含以下内容：（一）排污单位基本生产信息；（二）污染防治设施运行情况；（三）自行监测执行情况；（四）环境管理台账记录执行情况；（五）信息公开情况；（六）排污单位内部环境管理体系建设与运行情况；（七）其他排污许可证规定的内容执行情况等			
	自行监测部分	13	自行监测方案是否满足行业自行监测技术规范的要求			
		14	自行监测承担部门是否具备所承担部分监测指标的资质			
		15	监测报告是否符合相关要求			
排气筒设置	排气筒设置	16	废气排放口是否满足《排污口规范化整治技术要求》			
		17	烧结机头、机尾，高炉出铁场、矿槽、热风炉，转炉一次、二次烟气，热处理炉等主要排气筒的设置是否与环评批复文件一致、排气筒位置设置是否规范			
		18	排放口标志牌设置是否符合《环境保护图形标志》（GB 15562.1—1995）规定			
采样平台设置	采样平台设置	19	采样平台是否设置规范，是否符合采样需求			
大气污染防治设施	有组织源大气污染防治设施	20	烧结（球团）、炼铁、炼钢、轧钢等生产工序在废气排放前是否建设完备的除尘系统，是否达到国家或地方排放浓度标准或年度排放量限值，除尘器是否定期维护、保持密封性，除尘设施产生的废水、除尘灰是否得到妥善处理、处置，以避免二次污染			
		21	烧结（球团）工序是否建设有符合国家或地方标准要求的脱硫系统，是否达到国家或地方排放浓度标准或年度排放量限值，脱硫设施的历史运行记录是否正常，脱硫设施产生的废水、废渣是否得到妥善处理、处置，以避免二次污染			
		22	热风炉是否采取了控制二氧化硫排放的措施（如从源头控制等），是否达到国家或地方排放浓度标准或年度排放量限值			

类别	内容	序号	判断依据	是	否	备注说明
大气污染防治设施	有组织源大气污染防治设施	23	热处理炉是否采取了控制二氧化硫排放的技术和设施,是否达到国家或地方排放浓度标准或年度排放量限值			
		24	烧结(球团)工序、热风炉、热处理炉是否采取了控制氮氧化物排放的技术和设施,是否达到国家或地方排放浓度标准或年度排放量限值			
		25	是否采取可燃性气体的回收利用措施			
		26	轧钢涂层机组是否建设了有机废气处理系统,处理系统运行是否正常			
	无组织源大气污染防治设施——物料储存	27	除尘灰、脱硫灰、粉煤灰等粉状物料,是否采用料仓、储罐等方式密闭储存			
		28	铁精矿、煤、焦炭、烧结矿、球团矿、石灰石、白云石、铁合金、钢渣、脱硫石膏等块状或黏湿物料,是否采用密闭料仓或封闭料棚等方式储存			
		29	其他干渣堆存是否采用喷淋(雾)等抑尘措施			
	无组织源大气污染防治设施——物料输送	30	除尘灰、脱硫灰、粉煤灰等粉状物料,是否采用管状带式输送机、气力输送设备、罐车等方式密闭输送			
		31	铁精矿、煤、焦炭、烧结矿、球团矿、石灰石、白云石、铁合金、高炉渣、钢渣、脱硫石膏等块状或黏湿物料,是否采用管状带式输送机等方式密闭输送,或采用皮带通廊等方式封闭输送;确需汽车运输的,是否使用封闭车厢或苫盖严密,装卸车时是否采取加湿等抑尘措施			
		32	物料输送落料点等是否配备集气罩和除尘设施或采取喷雾等抑尘措施			
		33	料场出口是否设置车轮和车身清洗设施			
		34	厂区道路是否硬化,并采取清扫、洒水等措施,保持清洁			
	无组织源大气污染防治设施——生产工艺过程	35	烧结、球团、炼铁等工序的物料破碎、筛分、混合等设备是否设置密闭罩,并配备除尘设施			
		36	烧结机、烧结矿环冷机、球团焙烧设备,高炉炉顶上料、矿槽、高炉出铁场、混铁炉、炼钢铁水预处理、转炉、电炉、精炼炉等产尘点是否可确保无可见烟粉尘外逸			

类别	内容	序号	判断依据	是	否	备注说明
大气污染防治设施	无组织源大气污染防治设施——生产工艺过程	37	高炉出铁场平台是否封闭或半封闭，铁沟、渣沟是否加盖封闭；对高炉炉顶料罐均压放散废气是否采取回收或净化措施			
		38	炼钢车间是否封闭并设置屋顶罩并配备除尘设施			
		39	废钢切割是否在封闭空间内进行，设置集气罩，并配备除尘设施			
		40	轧钢涂层机组是否封闭，并设置废气收集处理设施			
	大宗物料产品清洁运输	41	进出钢铁企业的铁精矿、煤炭、焦炭等大宗物料和产品是否80%以上使用铁路、水路、管道或管状带式输送机等清洁方式运输；达不到的，汽车运输部分是否全部采用新能源汽车或达到国Ⅵ排放标准的汽车（2021年年底前可采用国Ⅴ排放标准的汽车）			
自动监测情况	污染源自动监测设施现场端建设规范化情况	42	污染源自动监测设施是否符合建设规范要求			
	运行情况	43	污染源自动监测设施是否发生变化，发生变化是否备案、验收			
		44	污染源自动监测设施运行、维护、检修、校准校验记录是否符合规范要求			
		45	监测仪器设备的名称、型号是否与各类证书相符合，报告、备案说明是否一致			

6.3 石化行业清单

石化企业现场检查记录单如表 6-2 所示。

表 6-2 石化企业现场检查记录单

企业名称：　　　　　　　　　企业地址：
检查日期：　　　　　　　　　检查人员：

类别	内容	序号	判断依据	是	否	备注说明
排污许可证执行情况	总体情况	1	排污单位是否按时进行排污申报，是否按时申领、更换排污许可证			
		2	是否具有年度执行报告、季度执行报告			
		3	是否有通过未经许可的排放口排放污染物的行为			
		4	污染物排放浓度和排放量是否满足标准和总量控制的要求			
		5	废气收集处置设施及在线监测设施等是否满足运行规程要求			
		6	是否存在法律禁止的无组织排放行为			
		7	是否落实了减排、限产等相应任务			
		8	运行台账是否记录齐全			
		9	是否制定应急预案并落实			
	执行报告是否规范	10	季度执行报告和月度执行报告（如有要求）是否包括根据自行监测结果说明污染物实际排放浓度及达标判定分析			
		11	季度执行报告和月度执行报告是否包括排污单位超标排放或者污染防治设施异常情况的说明			
		12	年度执行报告是否包含以下内容：（一）排污单位基本生产信息；（二）污染防治设施运行情况；（三）自行监测执行情况；（四）环境管理台账记录执行情况;（五)信息公开情况;（六)排污单位内部环境管理体系建设与运行情况；（七)其他排污许可证规定的内容执行情况等			

类别	内容	序号	判断依据	是	否	备注说明
排污许可证执行情况	自行监测部分	13	自行监测方案是否满足行业自行监测技术规范的要求			
		14	自行监测承担部门是否具备承担部分监测指标的资质			
		15	监测报告是否符合相关要求			
现场技术核查	有组织源大气污染防治设施	16	是否建设除尘系统,除尘器是否得到较好的维护,保持密封性,除尘设施产生的废水、废渣是否得到妥善处理、处置,避免二次污染			
		17	是否建设脱硫系统,脱硫设施的历史运行记录是否正常,脱硫设施产生的废水、废渣是否得到妥善处理、处置,避免二次污染			
		18	是否采取了控制氮氧化物排放的技术和设施			
		19	是否采取可燃性气体的回收利用措施			
		20	是否建设了有机废气处理系统,处理系统运行是否正常			
		21	火炬系统设备设施是否完好且投入使用;火炬系统是否具备回收排入火炬系统的气体和液体的措施			
		22	是否开展火炬气连续监测			
	无组织源大气污染防治设施	23	设备表面是否存在可见泄漏,如跑冒滴漏、异常声音、散发异味等			
		24	对挥发性有机物泄漏点的修复是否有效			
		25	是否对可散发挥发性有机物的运输、装卸、贮存实施环保防护措施			
		26	装卸过程是否按要求采取了顶部浸没式、底部装载方式、全密闭装载方式并设置油气收集、回收处理装置			
		27	是否存在密封措施老化或密封点有泄漏等问题			
		28	球罐、固定顶罐、外浮顶罐、内浮顶罐等是否对呼吸尾气进行收集处理			
		29	废水收集处理系统的收集系统、隔油浮选系统、生化系统是否采取了有效的密闭收集处理措施,是否采用废气处理措施,并有效、稳定运行			
		30	是否进行过符合环保要求的企业边界监测,无组织排放是否符合相关环保标准的要求			

类别	内容	序号	判断依据	是	否	备注说明
自动监测情况	污染源自动监测设施现场端建设规范化情况	31	污染源自动监测设施是否符合建设规范要求			
	运行情况	32	污染源自动监测设施是否发生变化，发生变化是否备案、验收			
		33	污染源自动监测设施运行、维护、检修、校准校验记录是否符合规范要求			
		34	监测仪器设备的名称、型号是否与各类证书相符合，报告、备案说明是否一致			

6.4　铅蓄电池行业清单

铅蓄电池企业合规性检查清单如表 6-3 所示。

表 6-3　铅蓄电池企业合规性检查清单

企业名称：　　　　　　　　　企业地址：
检查日期：　　　　　　　　　检查人员：

类别	内容	序号	判断依据	是	否	备注说明
产业政策	产业结构调整指导目录	1	淘汰开口式普通铅蓄电池			
		2	淘汰含镉高于 0.002% 的铅蓄电池			
行业准入（规范）条件满足情况	行业准入条件	3	卫生防护距离符合环评标准			
		4	卫生防护距离内无环境敏感点			
		5	未新建、改扩建商品极板生产项目			
		6	未新建、改扩建外购商品极板进行组装的铅蓄电池生产项目			
		7	未新建、改扩建干式荷电铅蓄电池生产项目			
		8	淘汰镉含量高于 0.002%（质量分数）或砷含量高于 0.1%（质量分数）的铅蓄电池生产能力（产品中含电动助力车电池或电动三轮车电池的，需附极板或板栅合金镉含量现场随机抽检报告）			

类别	内容	序号	判断依据	是	否	备注说明
行政许可制度执行情况	环评审批手续	9	取得有审批权的生态环境主管部门的环境影响评价批复			
	"三同时"竣工验收手续	10	完成竣工环保验收并报生态环境主管部门备案			
污染物总量控制情况	总量控制指标完成情况	11	企业排污量符合环评批复或所在地生态环境主管部门分配给该企业的总量控制指标（包括废水和废气中重金属许可排放总量）要求			
排污申报登记、排污许可证执行情况	排污申报登记	12	依法进行排污申报登记			
	排污许可证	13	依法领取排污许可证			
主要污染物和特征污染物达标情况	污染物达标排放情况	14	核查企业最近的废气监测报告，监测结果符合《电池工业污染物排放标准》（GB 30484—2013）的要求，若有地方标准，需符合地方标准的相关要求			
环境管理制度及环境风险预案落实情况	环境管理情况	15	建立环境保护责任制度，明确单位负责人和相关人员的责任			
		16	落实重污染天气应急措施			
		17	废气处理设施运行维护记录完备			
	环境风险应急情况	18	进行了企业环境风险评估			
		19	制定企业环境风险应急预案并通过专家评审和备案			
环境信息披露情况	定期公布环境信息的情况	20	建立环境信息披露制度，定期公开环境信息			
		21	每年向社会发布企业年度环境报告书，公布含重金属污染物排放和环境管理等情况			
废气治理设施情况	废气治理设施设置	22	铅零件制造、制粉、和膏、板栅铸造、灌粉、分片、包片、焊接、化成和充放电等工序配备废气集气罩			
		23	制粉、和膏、板栅铸造、灌粉、分片、包片、焊接等工序配备铅和颗粒物废气治理设施			
		24	化成和充放电工序配备硫酸雾废气治理设施			

类别	内容	序号	判断依据	是	否	备注说明
废气治理设施情况	废气治理设施运行	25	废气的收集系统正常运行			
		26	废气的传输系统有效密闭			
		27	袋式除尘器的滤袋完好无破损，电袋除尘滤袋完好			
		28	各污染物治理设施与生产设施同步运转			
		29	各污染物治理设施运行效率达到要求，运行记录完整			
排气筒设置	排气筒设置	30	排气筒的设置与环评批复文件一致、排气筒位置设置规范			
		31	设置符合国家标准《环境保护图形标志》（GB 15562.1—1995）规定的排放口标志牌			
采样平台设置	采样平台设置	32	采样平台规范设置，符合采样需求			

6.5 再生铅行业清单

再生铅企业合规性检查清单如表 6-4 所示。

表 6-4 再生铅企业合规性检查清单

企业名称：　　　　　　　　　　企业地址：
检查日期：　　　　　　　　　　检查人员：

类别	内容	序号	判断依据	是	否	备注说明
产业政策	产业结构调整指导目录	1	淘汰利用坩埚炉熔炼再生铅的工艺及设备			
		2	淘汰 1 万 t/a 以下的再生铅项目			
行业规范条件满足情况	行业规范性条件（参考工信部2013年发布的再生铅行业规范条件）	3	符合国家产业政策和本地区城乡建设规划、土地利用总体规划、主体功能区规划、相应的环境保护规划			
		4	禁止开发区、重点生态功能区、生态环境敏感区、脆弱区、饮用水水源保护区等重要生态区域、非工业规划建设区、大气污染防治重点控制区、因铅污染导致环境质量不能稳定达标区域和其他需要特别保护的区域内新建、改建、扩建再生铅项目			

类别	内容	序号	判断依据	是	否	备注说明
行业规范条件满足情况	行业规范性条件（参考工信部 2013 年发布的再生铅行业规范条件）	5	布局于依法设立、功能定位相符、环境保护基础设施齐全并经规划环评的产业园区内			
		6	厂址与危险废物集中贮存设施与周围人群和敏感区域的距离，应按照环境影响评价结论确定，且不少于 1 km			
		7	废铅蓄电池预处理项目规模应在 10 万 t/a 以上，预处理-熔炼项目再生铅规模应在 6 万 t/a 以上			
		8	对于含酸液的废铅蓄电池，再生铅企业应整只含酸液收购；再生铅企业收购的废铅蓄电池破损率不能超过 5%。再生铅企业应严格执行《危险废物贮存污染控制标准》（GB 18597—2001）中的有关要求，应采用自动化破碎分选工艺和装备处置废铅蓄电池			
		9	从废铅蓄电池中分选出的铅膏、铅板栅、重质塑料、轻质塑料等应分类利用。预处理企业产生的铅膏需送规范的再生铅企业或矿铅冶炼企业协同处理。预处理-熔炼企业的铅膏需脱硫处理或熔炼尾气脱硫，并对脱硫过程中产生的废物进行无害化处置，确保环保达标			
		10	企业预处理车间地面必须采取防渗漏处理，必须具备废酸液回收处置、废气有效收集和净化、废水循环使用等配套环保设施和技术			
行政许可制度执行情况	环评审批手续	11	取得有审批权的生态环境主管部门的环境影响评价批复			
	"三同时"竣工验收手续	12	取得有审批权的生态环境主管部门的竣工验收批复			
污染物总量控制情况	总量控制指标完成情况	13	企业排污量符合所在地生态环境主管部门分配给该企业的总量控制指标（包括废水和废气中重金属许可排放总量）要求			
	总量减排任务完成情况	14	完成主要污染物总量减排任务			

类别	内容	序号	判断依据	是	否	备注说明
主要污染物和特征污染物达标情况	污染物达标排放情况	15	核查企业最近的废气监测报告，监测结果符合《再生铜、铝、铅、锌工业污染物排放标准》（GB 31574—2015）的要求；地方有更严格规定的，需符合相关要求			
排污许可证情况	排污申报登记	16	依法进行排污申报登记			
	排污许可证	17	依法领取排污许可证			
环境管理制度及环境风险预案落实情况	环境管理情况	18	有健全的环境管理机构			
		19	通过 ISO 14001 环境管理体系			
		20	废气处理设施运行维修记录完备			
	环境风险应急情况	21	进行了企业环境风险评估			
		22	制定企业环境风险应急预案并通过专家评审和备案			
环境信息披露情况	定期公布环境信息的情况	23	建立环境信息披露制度，定期公开环境信息			
		24	每年向社会发布企业年度环境报告书，公布含重金属污染物排放和环境管理等情况			
废气治理设施情况	废气治理设施设置	25	熔炼炉、精炼炉、电铅锅、锅炉、电解炉、浸出系统、电解系统等配备相应的废气治理设施			
	废气治理设施运行	26	废气的收集系统有效运行			
		27	废气的传输系统密闭完好			
		28	袋式除尘器的滤袋完好无破损，电袋除尘滤袋完好			
		29	脱硫过程中所加药剂操作规范，无遗撒			
		30	各污染物治理设施与生产设施同步有效运行			
		31	各污染物治理设施运行效率达到要求，运行记录完善			
排气筒设置	排气筒设置	32	排气筒的设置与环评批复文件一致、排气筒位置设置规范			
		33	设置符合国家标准《环境保护图形标志》（GB 15562.1—1995）规定的排放口标志牌			
采样平台设置	采样平台设置	34	采样平台设置规范，符合采样需求			

6.6 通用型执法清单

企业现场检查记录单如表 6-5 所示。

表 6-5 企业现场检查记录单

企业名称: 企业地址:
检查日期: 检查人员:

类别	内容	序号	判断依据	是	否	备注说明
询问	基本情况	1	排污单位负责人及联系方式是否与排污许可证一致			
		2	社会信用代码是否与排污许可证一致			
		3	准确地理位置信息是否与排污许可证一致			
一般性检查（检查工作内容是其中的一项或多项综合，可根据行动目标选择相应的检查内容）	产业结果符合性检查	4	是否在规定时间内新建了《产业结构调整指导目录》中限制投产的项目			
		5	是否存在《产业结构调整指导目录》明令淘汰的项目			
	环境管理手续检查	6	原辅材料、中间产品、产品的类型、数量及特性等是否一致			
		7	生产工艺、设备及运行情况是否一致			
		8	原辅材料、中间产品、产品的贮存场所与输移过程是否一致			
		9	排污单位拥有污染治理设施的类型、数量、性能、污染治理工艺以及排放去向等是否一致			
		10	污染治理设施管理维护情况、运行情况、运行记录，是否存在停运或不正常运行情况，是否按规程操作			
		11	污染物处理量、处理率及处理达标率，有无违法、违章的行为			
		12	被处罚记录及是否完成整改、完成整改的方式、完成时间等			
	环境应急管理检查	13	是否编制和及时修订突发性环境事件应急预案			
		14	应急预案、应急人员是否及时更新			
		15	是否按预案配置应急处置设施和落实应急处置物资			
		16	应急物资、设备是否配备到位			
		17	是否定期开展应急预案演练			

类别	内容	序号	判断依据	是	否	备注说明
一般性检查（检查工作内容是其中的一项或多项综合，可根据行动目标选择相应的检查内容）	排污许可证执行情况	18	检查排污单位是否按时进行排污申报，是否按时申领、年审、更换排污许可证			
		19	是否有通过未经许可的排放口排放污染物的行为			
		20	污染物排放口是否满足《排污口规范化整治技术要求》			
		21	污染物排放浓度和排放量是否满足标准和总量控制的要求			
		22	污染防治设施是否满足运行规程要求			
		23	是否存在法律禁止的无组织排放行为			
		24	是否落实了减排、限产等相应任务			
		25	运行台账是否记录齐全			
		26	应急预案是否落实			
		27	是否具有年度执行报告、季度执行报告、月度执行报告			
		28	书面执行报告是否由法定代表人或者主要负责人签字或者盖章，并公开			
		29	季度执行报告和月执行报告是否包括根据自行监测结果说明污染物实际排放浓度和排放量及达标判定分析			
		30	季度执行报告和月执行报告是否包括排污单位超标排放或者污染防治设施异常情况的说明			
		31	年度执行报告是否包含以下内容：（一）排污单位基本生产信息；（二）污染防治设施运行情况；（三）自行监测执行情况；（四）环境管理台账记录执行情况；（五）信息公开情况；（六）排污单位内部环境管理体系建设与运行情况；（七）其他排污许可证规定的内容执行情况等			
		32	自行监测方案是否满足行业自行监测技术规范的要求			
		33	自行监测承担部门是否具备所承担部分监测指标的能力			
		34	监测报告是否符合相关要求			
		35	信息公开项目是否完整			
		36	信息公开项目是否及时			
	泄漏检测与修复检查	37	是否按要求开展泄漏检测与修复（LDAR）工作			

类别	内容	序号	判断依据	是	否	备注说明
重点核查（适用于区域监管表现异常的企业或者一般性检查发现问题的企业，或有明确目标的专项行动）	排污口规范化检查	38	检查排污口（源）排放污染物的种类、数量、浓度、排放方式等是否满足国家或地方污染物排放标准的要求			
		39	是否设置环境保护图形标志			
		40	检查排污者是否在禁止设置新建排气筒的区域内新建排气筒或存在未签封的旁路烟道			
		41	检查排气筒高度是否符合国家或地方污染物排放标准的规定			
		42	检查废气排气通道上是否设置采样孔和采样监测平台。有污染物处理、净化设施的，应在其进出口分别设置采样孔。采样孔、采样监测平台的设置应当符合《固定源废气监测技术规范》（HJ/T 397）的要求			
	项目建设变更情况检查	43	检查厂区布局。对照环评报告中的平面布局，核实目前实际生产布局有无发生重大布局调整			
		44	检查主要生产设备。以分厂、工艺、车间等为单位，对照建设项目的环评报告，统计主要反应装置、生产设备型号、规格、数量、功能、规格等，核算实际产能			
		45	检查主要生产工艺。以分厂、工艺、车间等为单位，对照建设项目的环评报告，检查工艺主要生产设备、辅助设备数量、型号、规格等是否有变更			
		46	检查原辅料使用、消耗情况。对照环评的主要原辅料用量，调查企业原辅料仓库堆放和进出台账、车间现场原辅料使用情况，核定实际产品及产能			
	有组织排放源	47	除尘器是否得到较好的维护，保持密封性；除尘设施产生的废水、废渣是否得到妥善处理、处置，避免二次污染			
		48	检查是否对旁路挡板实行铅封，增压风机电流等关键环节是否正常；检查脱硫设施的历史运行记录，结合记录中的运行时间、能耗、材料消耗、副产品产生量等数据，综合判断历史运行记录的真实性，确定脱硫设施的历史运行情况；检查脱硫设施产生的废水、废渣是否得到妥善处理、处置，避免二次污染			

类别	内容	序号	判断依据	是	否	备注说明
重点核查（适用于区域监管表现异常的企业或者一般性检查发现问题的企业，或有明确目标的专项行动）	有组织排放源	49	检查是否采取了控制氮氧化物排放的技术和设施。检查脱硝设施的历史运行记录，结合记录中的运行时间、能耗、材料消耗、副产品产生量等数据，综合判断历史运行记录的真实性，确定脱硝设施的历史运行情况			
		50	检查可燃性气体的回收利用情况			
		51	焚烧式有机废气处理系统。检查废气收集系统效果；检查净化系统运行是否正常；检查采取的焚烧工艺与挥发性有机物浓度是否匹配，温度控制是否符合要求，焚烧尾气是否含有硫、氯成分，是否建设配套去除装置			
		52	吸附式有机废气处理系统。检查废气收集系统效果；检查净化系统运行是否正常；检查活性炭更换处置台账和转移联单，活性炭纤维脱附蒸馏出物，其他吸收液更换和处理情况，采用加碱吸收可现场测试 pH			
		53	固定顶罐是否配套建设挥发性有机物末端治理装置，控制效率是否达到 95%，特别排放限制区域是否达到 97%			
		54	火炬设施是否采取措施回收排入火炬系统的气体和液体；点火设施是否可靠，确保在任何时候，挥发性有机物和恶臭物质进入火炬都应能点燃并充分燃烧；是否开展火炬气连续监测、记录引燃设施和火炬的工作状态（火炬气流量、火炬头温度、火种气流量、火种温度等），并保存记录 1 年以上			
		55	开停工期间，用于输送、储存、处理挥发性有机物、恶臭物质的生产设施，以及大气污染控制设施在检维修时清扫气应接入有机废气回收或处理装置			
	无组织排放源	56	挥发性有机物泄漏点是否确实经过修复，修复工作当前是否有效			
		57	检查可散发挥发性有机物的运输、装卸、贮存的环保防护措施。检查设备表面是否存在可见泄漏，如跑冒滴漏、异常声音、散发异味等；采用快速泄漏检测法测定的泄漏气体浓度或影像信息；密封措施是否老化；装卸过程是否按要求采取了顶部浸没式、底部装载方式、全密闭装载方式并设置油气收集、回收处理装置；密封点是否有泄漏等			

类别	内容	序号	判断依据	是	否	备注说明
重点核查（适用于区域监管表现异常的企业或者一般性检查发现问题的企业，或有明确目标的专项行动）	无组织排放源	58	在企业边界进行监测,检查无组织排放是否符合相关环保标准的要求			
		59	内浮顶罐的浮盘与罐壁之间是否采用液体镶嵌式、机械式鞋形、双封式等高效密封方式			
		60	外浮顶罐的浮盘与罐壁之间是否采用双封式密封,且初级密封是否采用液体镶嵌式、机械式鞋形等高效密封方式			
		61	废水收集处理系统的收集系统、隔油浮选系统、生化系统是否采取了有效的密闭收集处理措施,是否采用废气处理措施,并有效、稳定运行			
	污染源自动监控系统检查	62	现场端建设是否符合规范要求			
		63	监测站房的各项环境条件是否满足仪器设备正常工作的要求			
		64	是否发生变化,发生变化是否备案、验收			
		65	污染源自动监控设施运行、维护、检修、校准校验记录是否符合规范要求			
		66	监测仪器设备的名称、型号是否与各类证书相符合,报告、备案说明是否一致			
		67	企业生产工况、污染治理设施运行与自动监测数据是否一致			
		68	现场端数据与监控平台历史数据是否一致			

第7章

企业违法识别功能设计

7.1　违法行为现场识别

对企业进行执法的过程主要通过清单式执法、现场监测、第三方手工监测以及无人机批建一致性遥测等方式进行，根据国家相关规定和标准对执法情况进行违法判定，确认其是否存在违法行为（图 7-1）。

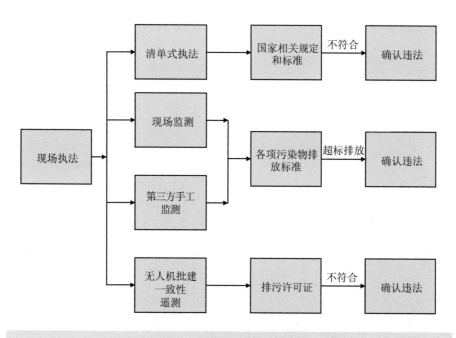

图 7-1　企业违法行为识别流程

（1）钢铁行业

针对钢铁行业现场执法的过程主要包括清单式执法，当场采集便携式仪器现场监测数据并进行数据处理与分析比对，同时采用无人机监测、激光雷达和 DOAS 走航监测等辅助监测方法。将不同的监测方法获得的结果和相对应的排放标准以及环保手续等进行对比，以此判断该企业是否存在违法行为。钢铁行业污染物排放类型和排放标准限值等具体见表 7-1。

表 7-1　钢铁行业现场执法目录

行业	排放类型	执法环节	监测点位	设备名称	污染物名称	排放标准限值/（mg/m³）	标准名称
钢铁行业	有组织	排气筒监测	烧结机头排气筒	便携式有组织颗粒物检测仪	颗粒物	40	《钢铁烧结、球团工业大气污染物排放标准》（GB 28662—2012）
				便携式烟气汞检测仪	汞	0.012	《大气污染物综合排放标准》（GB 16297—1996）
				便携式烟气分析仪	二氧化硫	180	《钢铁烧结、球团工业大气污染物排放标准》（GB 28662—2012）
					氮氧化物	300	《钢铁烧结、球团工业大气污染物排放标准》（GB 28662—2012）
				便携式VOCs检测仪	非甲烷总烃	4	《大气污染物综合排放标准》（GB 16297—1996）
	无组织	厂界监测	厂界	低浓度多组分紫外分析仪	二氧化硫	—	—
					氮氧化物	—	—
					苯	—	—
					甲苯	—	—
				便携式无组织颗粒物检测仪	颗粒物	8	《炼铁工业大气污染物排放标准》（GB 28663—2012）
			炼钢工艺厂界		颗粒物	15	《炼铁工业大气污染物排放标准》（GB 28663—2012）
			烧结机工序厂界	低浓度多组分紫外分析仪	二氧化硫	—	—
					氮氧化物	—	—
					苯	—	—
					甲苯	—	—
		工艺节点监测	高炉出铁场车间		二氧化硫	100	《炼铁工业大气污染物排放标准》（GB 28663—2012）

行业	排放类型	执法环节	监测点位	设备名称	污染物名称	排放标准限值/（mg/m³）	标准名称
钢铁行业	无组织	工艺节点监测	高炉出铁场车间	低浓度多组分紫外分析仪	氮氧化物	300	《炼铁工业大气污染物排放标准》（GB 28663—2012）
					苯	—	—
					甲苯	—	—
				便携式无组织颗粒物检测仪	颗粒物	15	《炼铁工业大气污染物排放标准》（GB 28663—2012）

便携式有组织颗粒物检测仪在检测数据过程中共采集 4 次数据，采集数据间隔为 1 h，采用平均值的方法对采集的数据进行处理，以此获得最终的监测结果。颗粒物的监测结果与《钢铁烧结、球团工业大气污染物排放标准》（GB 28662—2012）中颗粒物的有组织排放标准限值 40 mg/m³ 进行对比，以此判断颗粒物排放是否超标。

便携式烟气汞检测仪对排气筒的汞进行检测，检测时间为 40 min，检测数据间隔为 1 min，采用平均值的方法对检测数据进行处理，进而获得最终的监测结果。汞的监测结果与《大气污染物综合排放标准》（GB 16297—1996）中汞及其化合物的有组织排放标准限值 0.012 mg/m³ 进行对比，以此判断汞排放是否超标。

便携式烟气分析仪对排气筒的二氧化硫和氮氧化物进行检测，检测数据 5 min 一组，采集数据的间隔是 1 min，共采集 3 组数据，采用平均值的方法对检测数据进行处理，进而获得最终的监测结果。二氧化硫和氮氧化物的监测结果与《钢铁烧结、球团工业大气污染物排放标准》（GB 28662—2012）中二氧化硫的排放限值 180 mg/m³、氮氧化物的排放限值 300 mg/m³ 进行对比，以此判断颗粒物排放是否超标。

便携式 VOCs 检测仪对排气筒的非甲烷总烃进行监测，监测时间为 1.5 h，监测结果为该时段监测数值的平均值，并与《大气污染物综合排放标准》（GB 16297—1996）中非甲烷总烃的有组织排放限值 4 mg/m³ 进行对比，以此确定是否存在超标排放。

低浓度多组分紫外分析仪对无组织排放污染物进行定点监测，监测的主要污染物是二氧化硫、氮氧化物、苯和甲苯，定点监测点位主要是工艺厂界和厂区厂界，对测量数据做小时均值来代替这个点的污染情况。钢铁行业无组织排放中有关二氧化硫、氮氧化物、苯和甲苯这 4 种污染物质目前还没有明确的排放限值规定，因此未与相关的标准进行对比。

便携式无组织颗粒物检测仪对工艺厂界和厂区厂界进行了颗粒物无组织排放的监测。采集数据时间为 1 h，采集数据的点位数量为下风向 3 个，上风向 1 个，完成数据采集后为确保数据准确性、减少无组织排放过程中风向的影响，采用下风向中最大的数据减去上风向的数据对数据进行处理，以此获得该厂界颗粒物无组织排放的监测结果。颗粒物无组织排放限值在《炼铁工业大气污染物排放标准》（GB 28663—2012）中有明确的规定，厂界的排放限值为 8 mg/m^3，工艺节点泄漏的排放限值为 15 mg/m^3。

通过小微型固定翼及旋翼无人机设备，在 100～220 m 航高范围内实施 6 架次飞行，累计飞行时间 3 h，获取 10 cm 分辨率企业正射影像图及视频照片资料一套。通过这套资料可以确定该企业污染物排放口的情况，与该企业的排污许可证进行对比，确定其可能存在的违法行为。

（2）石化行业

石化行业现场执法流程主要包括对企业进行现场清单式执法，当场采集便携式仪器现场监测数据并进行数据处理与分析比对，以及采用激光雷达和 DOAS 走航监测等辅助监测方法。将不同的监测方法获得的结果和相对应的排放标准以及环保手续等进行对比，以此判断该企业是否存在违法行为。石化行业污染物排放类型和排放标准限值等具体见表 7-2。

便携式无组织颗粒物检测仪对厂界进行颗粒物无组织排放的监测。采集数据时间为 1 h，采集数据的点位数量为下风向 3 个，上风向 1 个，完成数据采集后为确保数据准确性、减少无组织排放过程中风向的影响，采用下风向中最大的数据减去上风向的数据对数据进行处理，以此获得该厂界颗粒物无组织排放的监测结果。颗粒物无组织排放限值在《石油化学工业污染物排放标准》（GB 31571—2015）中有明确的规定，为 1 mg/m^3。

表 7-2 石化行业现场执法目录

行业	排放类型	执法环节	监测点位	设备名称	污染物名称	排放标准限值/（mg/m^3）	标准名称
石化行业	无组织	厂界监测	厂界	低浓度多组分紫外分析仪	二氧化硫	—	—
					氮氧化物	—	—
					苯	0.4	《石油化学工业污染物排放标准》（GB 31571—2015）
					甲苯	0.8	
				便携式无组织颗粒物检测仪	颗粒物	1	
				便携式VOCs检测仪	非甲烷总烃	4	《大气污染物综合排放标准》（GB 16297—1996）

便携式 VOCs 检测仪对厂界的 VOCs 排放进行检测，检测的主要物质是非甲烷总烃，采用平均值的方法对采集数据进行处理，以此作为最终的监测结果。《大气污染物综合排放标准》（GB 16297—1996）中规定了非甲烷总烃的无组织排放限值为 4 mg/m^3。

（3）铅蓄电池行业

针对铅蓄电池行业进行现场执法的主要流程包括对企业进行现场清单式执法，当场采集便携式仪器现场监测数据并进行数据处理与分析比对，以及无人机监测等辅助监测方法。将不同的监测方法获得的结果和相对应的排放标准以及环保手续等进行对比，以此判断该企业是否存在违法行为。铅蓄电池行业污染物排放类型和排放限值等具体见表 7-3。

便携式有组织颗粒物检测仪对废气治理设施排气筒的颗粒物进行检测，在检测数据过程中需要采集 4 次数据，采集数据间隔为 1 h，采用平均值的方法对采集的数据进行处理，以此获得最终的监测结果。将颗粒物的监测结果与《电池工业污染物排放标准》（GB 30484—2013）中颗粒物的有组织排放标准限值 30 mg/m^3 进行对比，以此判断颗粒物排放是否超标。

表 7-3　铅蓄电池行业现场执法目录

行业	排放类型	执法环节	监测点位	设备名称	污染物名称	排放标准限值/（mg/m^3）	标准名称
铅蓄电池行业	有组织	排气筒监测	排气筒	便携式有组织颗粒物检测仪	颗粒物	30	《电池工业污染物排放标准》（GB 30484—2013）
				便携式烟气铅检测仪	铅	0.5	
	无组织	厂界监测	厂界	便携式无组织颗粒物检测仪	颗粒物	0.3	

便携式烟气铅检测仪对排气筒的铅的排放进行了检测，采用平均值的方法对采集的数据进行处理，以此获得最终的监测结果。将铅的监测结果与《电池工业污染物排放标准》（GB 30484—2013）中铅的有组织排放标准限值 0.5 mg/m^3 进行对比，以此判断铅排放是否超标。

便携式无组织颗粒物检测仪对厂界进行了颗粒物无组织排放的监测。采集数据时间为 1 h，采集数据的点位数量为下风向 3 个，上风向 1 个，完成数据采集后为确保数据准确性、减少无组织排放过程中风向的影响，采用下风向中最大的数据减去上风向的数据对数据进行处理，以此获得该厂界颗粒物无组织排放的监测结果。颗粒物无组织排放限值在《电池工业污染物排放标准》（GB 30484—2013）中有明确的规定，为 0.3 mg/m^3。

通过小微型固定翼及旋翼无人机设备，在 100～220 m 航高范围内实施 6 架次飞行，累计飞行时间 3 h，获取 10 cm 分辨率企业正射影像图及视频照片资料一套。这套资料可以确定该企业污染物排放口的情况，与该企业的排污许可证进行对比，确定其可能存在的违法行为。

（4）再生铅行业

针对再生铅行业的现场执法流程主要包括对企业进行现场清单式执

法，当场采集便携式仪器现场监测数据并进行数据处理与分析比对，以及使用无人机监测等辅助监测方法。将不同的监测方法获得的结果和相对应的排放标准以及环保手续等进行对比，以此判断该企业是否存在违法行为。再生铅行业污染物排放类型和排放限值等具体见表 7-4。

表 7-4　再生铅行业现场执法目录

行业	排放类型	执法环节	监测点位	设备名称	污染物名称	排放标准限值/（mg/m³）	标准名称
再生铅行业	有组织	排气筒监测	排气筒	便携式有组织颗粒物检测仪	颗粒物	10	《再生铜、铝、铅、锌工业污染物排放标准》（GB 31574—2015）
				便携式烟气铅检测仪	铅	2	
	无组织	厂界监测	厂界	便携式无组织颗粒物检测仪	颗粒物	0.3	《电池工业污染物排放标准》（GB 30484—2013）

便携式烟气铅检测仪可对排气筒的铅的排放进行检测，采用平均值的方法对采集的数据进行处理，以此获得最终的监测结果。将铅的监测结果与《再生铜、铝、铅、锌工业污染物排放标准》（GB 31574—2015）中铅的有组织排放标准限值 2 mg/m³ 进行对比，以此判断铅排放是否超标。

便携式有组织颗粒物检测仪可对排气筒的颗粒物进行检测，在检测数据过程中共采集 4 次数据，采集数据间隔为 1 h，采用平均值的方法对采集的数据进行处理，以此获得最终的监测结果。将颗粒物的监测结果与《再生铜、铝、铅、锌工业污染物排放标准》（GB 31574—2015）中颗粒物的有组织排放标准限值 10 mg/m³ 进行对比，以此判断颗粒物排放是否超标。

便携式无组织颗粒物检测仪可对厂界进行颗粒物无组织排放的监测。采集数据时间为 1 h，采集数据的点位数量为下风向 3 个、上风向 1 个，完成数据采集后为确保数据准确性、减少无组织排放过程中风向的影响，采用下风向中最大的数据减去上风向的数据对数据进行处理，以此获得该厂界颗粒物无组织排放的监测结果。颗粒物无组织排放限值在《再生铜、铝、铅、锌工业污染物排放标准》（GB 31574—2015）中有明确的规定，为 0.3 mg/m³。

7.2 违法行为与处罚判定耦合

违法识别可以对企业的违法行为进行处罚。违法与处罚模块主要分为数据结构化入库、违法行为与行政处罚类型对应分析、分析结果与行政处罚系统对接三个部分。首先将现场实时监测数据、污染源数据、法律法规和违法行为等进行结构化入库，在企业违法识别的基础上，将违法行为与行政处罚一一对应，及时提出企业的整改要求，同时，移动执法平台可与行政处罚系统相结合，针对监测的企业情况，直接对企业办理行政处罚的流程，为企业接受行政处罚的类型提供建议（图 7-2）。

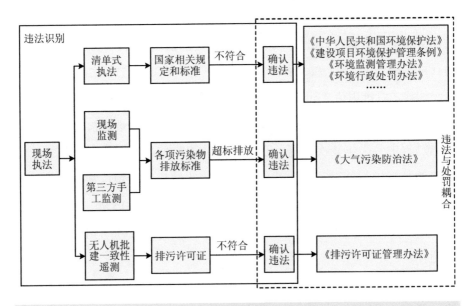

图 7-2　违法识别和违法与处罚耦合

在针对无人机遥测系统、车载遥测系统、便携式监测系统开发无线数据采集接入模块的基础上，建立违法识别模型，模型中主要包括《排污许可证管理办法》《大气污染防治法》等，实现现场监测设备数据实时进入监管平台的功能。通过监测数据分析模块对现场执法企业进行企业信息、生产工况、在线监测和执法监测的综合分析，并与相关的标准进行对比，存在违法行为时需要根据《大气污染防治法》的相关规定对其进行相应的处罚。针对清单式执法模块，依据《大气污染防治法》《建设项目环境保护管理条例》《环境监测管理办法》《环境行政处罚办法》等，按取证的结果设置关系式的违法识别模型（表 7-5、表 7-6）。针对暗查执法模块，依据红外、激光雷达的异常特性设置偷排漏排违法识别模型。针对现场监测模块，依据无人机遥测、车载遥测、便携式监测的逻辑关系，以及与大气污染物排放标准的比对关系，设置超标排放识别模型。

将现场实时监测数据《大气污染防治法》中违法与处罚的对应关系数据以及相关的标准等进行结构化入库。通过构建模型接口，提高耦合模拟的精度和计算效率，解决耦合模拟中的嵌套、调用等技术问题，保证模型之间的协同运行。结合现场监测数据，分析监测结果，同时综合分析环境监察人员咨询检查情况以及现场监测结果，在企业违法识别的基础上，依据《大气污染防治法》所规定的法律责任，将违法行为与行政处罚一一对应，为环境监察人员依法依规、及时准确做出行政决策提供技术支撑。系统将依情景设定行政处罚决定书模板，可通过便携式打印机现场打印。及时对企业提出整改要求或行政处罚，提高违法识别与行政处罚的耦合关联度，使环境监察人员在进行行政决策时有法可依、有规可循。环境监察信息系统平台可与行政处罚系统相结合，针对监察的企业情况，直接对企业办理行政处罚的流程，为企业接受行政处罚的类型提供建议。系统还将设定企业违法与行政处罚跟进制度，对不按时执行决定书的企业采取进一步的措施。

表 7-5   处理处罚管理统计

法规条款	违反条款
《中华人民共和国大气污染防治法》第五十七条	违反本法第四十一条第一款规定，在人口集中地区和其他依法需要特殊保护的区域内，焚烧沥青、油毡、橡胶、塑料、皮革、垃圾以及其他产生有毒有害烟尘和恶臭气体的物质的，由所在地县级以上地方人民政府环境保护行政主管部门责令停止违法行为，处二万元以下罚款。违反本法第四十一条第二款规定，在人口集中地区、机场周围、交通干线附近以及当地人民政府划定的区域内露天焚烧秸秆、落叶等产生烟尘污染的物质的，由所在地县级以上地方人民政府环境保护行政主管部门责令停止违法行为；情节严重的，可以处二百元以下罚款
《建设项目环境保护管理条例》第二十四条	违反本条例规定，有下列行为之一的，由负责审批建设项目环境影响报告书、环境影响报告表或者环境影响登记表的环境保护行政主管部门责令限期补办手续；逾期不补办手续，擅自开工建设的，责令停止建设，可以处 10 万元以下的罚款：（一）未报批建设项目环境影响报告书、环境影响报告表或者环境影响登记表的；（二）建设项目的性质、规模、地点或者采用的生产工艺发生重大变化，未重新报批建设项目环境影响报告书、环境影响报告表或者环境影响登记表的；（三）建设项目环境影响报告书、环境影响报告表或者环境影响登记表自批准之日起满 5 年，建设项目方开工建设，其环境影响报告书、环境影响报告表或者环境影响登记表未报原审批机关重新审核的
《中华人民共和国大气污染防治法》第四十九条第二款	将淘汰的设备转让给他人使用的，由转让者所在地县级以上地方人民政府环境保护行政主管部门或者其他依法行使监督管理权的部门没收转让者的违法所得，并处违法所得两倍以下罚款
《中华人民共和国大气污染防治法》第九十九条	违反本法规定，有下列行为之一的，由县级以上人民政府环境保护主管部门责令改正或者限制生产、停产整治，并处十万元以上一百万元以下的罚款；情节严重的，报经有批准权的人民政府批准，责令停业、关闭：（一）未依法取得排污许可证排放大气污染物的；（二）超过大气污染物排放标准或者超过重点大气污染物排放总量控制指标排放大气污染物的；（三）通过逃避监管的方式排放大气污染物的
《建设项目环境保护管理条例》第二十七条	违反本条例规定，建设项目投入试生产超过 3 个月，建设单位未申请环境保护设施竣工验收的，由审批该建设项目环境影响报告书、环境影响报告表或者环境影响登记表的环境保护行政主管部门责令限期办理环境保护设施竣工验收手续；逾期未办理的，责令停止试生产，可以处 5 万元以下的罚款

法规条款	违反条款
《中华人民共和国大气污染防治法》第五十五条	违反本法第三十五条第一款或者第二款规定，未取得所在地省、自治区、直辖市人民政府环境保护行政主管部门或者交通、渔政等依法行使监督管理权的部门的委托进行机动车船排气污染检测的，或者在检测中弄虚作假的，由县级以上人民政府环境保护行政主管部门或者交通、渔政等依法行使监督管理权的部门责令停止违法行为，限期改正，可以处五万元以下罚款；情节严重的，由负责资质认定的部门取消承担机动车船年检的资格
《中华人民共和国环境影响评价法》第三十一条	建设单位未依法报批建设项目环境影响评价文件，或者未依照本法第二十四条的规定重新报批或者报请重新审核环境影响评价文件，擅自开工建设的，由有权审批该项目环境影响评价文件的环境保护行政主管部门责令停止建设，限期补办手续；逾期不补办手续的，可以处五万元以上二十万元以下的罚款，对建设单位直接负责的主管人员和其他直接责任人员，依法给予行政处分。 建设项目环境影响评价文件未经批准或者未经原审批部门重新审核同意，建设单位擅自开工建设的，由有权审批该项目环境影响评价文件的环境保护行政主管部门责令停止建设，可以处五万元以上二十万元以下的罚款，对建设单位直接负责的主管人员和其他直接责任人员，依法给予行政处分。海洋工程建设项目的建设单位有前两款所列违法行为的，依照《中华人民共和国海洋环境保护法》的规定处罚
《建设项目环境保护管理条例》第二十八条	违反本条例规定，建设项目需要配套建设的环境保护设施未建成、未经验收或者经验收不合格，主体工程正式投入生产或者使用的，由审批该建设项目环境影响报告书、环境影响报告表或者环境影响登记表的环境保护行政主管部门责令停止生产或者使用，可以处 10 万元以下的罚款
《中华人民共和国大气污染防治法》第五十六条	违反本法规定，有下列行为之一的，由县级以上地方人民政府环境保护行政主管部门或者其他依法行使监督管理权的部门责令停止违法行为，限期改正，可以处五万元以下罚款：（一）未采取有效污染防治措施，向大气排放粉尘、恶臭气体或者其他含有有毒物质气体的；（二）未经当地环境保护行政主管部门批准，向大气排放转炉气、电石气、电炉法黄磷尾气、有机烃类尾气的；（三）未采取密闭措施或者其他防护措施，运输、装卸或者贮存能够散发有毒有害气体或者粉尘物质的；（四）城市饮食服务业的经营者未采取有效污染防治措施，致使排放的油烟对附近居民的居住环境造成污染的

法规条款	违反条款
《建设项目环境保护管理条例》第二十四条	违反本条例规定，有下列行为之一的，由负责审批建设项目环境影响报告书、环境影响报告表或者环境影响登记表的环境保护行政主管部门责令限期补办手续；逾期不补办手续，擅自开工建设的，责令停止建设，可以处10万元以下的罚款：（一）未报批建设项目环境影响报告书、环境影响报告表或者环境影响登记表的；（二）建设项目的性质、规模、地点或者采用的生产工艺发生重大变化，未重新报批建设项目环境影响报告书、环境影响报告表或者环境影响登记表的；（三）建设项目环境影响报告书、环境影响报告表或者环境影响登记表自批准之日起满5年，建设项目方开工建设，其环境影响报告书、环境影响报告表或者环境影响登记表未报原审批机关重新审核的
《中华人民共和国环境影响评价法》第三十一条	建设单位未依法报批建设项目环境影响评价文件，或者未依照本法第二十四条的规定重新报批或者报请重新审核环境影响评价文件，擅自开工建设的，由有权审批该项目环境影响评价文件的环境保护行政主管部门责令停止建设，限期补办手续；逾期不补办手续的，可以处五万元以上二十万元以下的罚款，对建设单位直接负责的主管人员和其他直接责任人员，依法给予行政处分。 建设项目环境影响评价文件未经批准或者未经原审批部门重新审核同意，建设单位擅自开工建设的，由有权审批该项目环境影响评价文件的环境保护行政主管部门责令停止建设，可以处五万元以上二十万元以下的罚款，对建设单位直接负责的主管人员和其他直接责任人员，依法给予行政处分。 海洋工程建设项目的建设单位有前两款所列违法行为的，依照《中华人民共和国海洋环境保护法》的规定处罚
《中华人民共和国大气污染防治法》第九十八条	违反本法规定，以拒绝进入现场等方式拒不接受环境保护主管部门及其委托的环境监察机构或者其他负有大气环境保护监督管理职责的部门的监督检查，或者在接受监督检查时弄虚作假的，由县级以上人民政府环境保护主管部门或者其他负有大气环境保护监督管理职责的部门责令改正，处二万元以上二十万元以下的罚款；构成违反治安管理行为的，由公安机关依法予以处罚
《中华人民共和国大气污染防治法》	违反本法规定，有下列行为之一的，环境保护行政主管部门或者本法第四条第二款规定的监督管理部门可以根据不同情节，责令停止违法行为，限期改正，给予警告或者除以五万元以下罚款

法规条款	违反条款
《中华人民共和国大气污染防治法》第六十一条	对违反本法规定，造成大气污染事故的企业事业单位，由所在地县级以上地方人民政府环境保护行政主管部门根据所造成的危害后果处直接经济损失百分之五十以下罚款，但最高不超过五十万元；情节较重的，对直接负责的主管人员和其他直接责任人员，由所在单位或者上级主管机关依法给予行政处分或者纪律处分；造成重大大气污染事故，导致公私财产重大损失或者人身伤亡的严重后果，构成犯罪的，依法追究刑事责任
《中华人民共和国大气污染防治法》第五十二条	违反本法第二十八条规定，在城市集中供热管网覆盖地区新建燃煤供热锅炉的，由县级以上地方人民政府环境保护行政主管部门责令停止违法行为或者限期改正，可以处五万元以下罚款
《中华人民共和国大气污染防治法》第四十八条	违反本法规定，向大气排放污染物超过国家和地方规定排放标准的，应当限期治理，并由所在地县级以上地方人民政府环境保护行政主管部门处一万元以上十万元以下罚款。限期治理的决定权限和违反限期治理要求的行政处罚由国务院规定
《中华人民共和国大气污染防治法》第六十条	违反本法规定，有下列行为之一的，由县级以上人民政府环境保护行政主管部门责令限期建设配套设施，可以处二万元以上二十万元以下罚款： （一）新建的所采煤炭属于高硫分、高灰分的煤矿，不按照国家有关规定建设配套的煤炭洗选设施的； （二）排放含有硫化物气体的石油炼制、合成氨生产、煤气和燃煤焦化以及有色金属冶炼的企业，不按照国家有关规定建设配套脱硫装置或者未采取其他脱硫措施的
《建设项目环境保护管理条例》第二十四条	违反本条例规定，有下列行为之一的，由负责审批建设项目环境影响报告书、环境影响报告表或者环境影响登记表的环境保护行政主管部门责令限期补办手续；逾期不补办手续，擅自开工建设的，责令停止建设，可以处10万元以下的罚款：（一）未报批建设项目环境影响报告书、环境影响报告表或者环境影响登记表的；（二）建设项目的性质、规模、地点或者采用的生产工艺发生重大变化，未重新报批建设项目环境影响报告书、环境影响报告表或者环境影响登记表的；（三）建设项目环境影响报告书、环境影响报告表或者环境影响登记表自批准之日起满5年，建设项目方开工建设，其环境影响报告书、环境影响报告表或者环境影响登记表未报原审批机关重新审核的
《中华人民共和国大气污染防治法》第一百条	违反本法规定，有下列行为之一的，由县级以上人民政府生态环境主管部门责令改正，处二万元以上二十万元以下的罚款；拒不改正的，责令停产整治

表 7-6　生态环境部配套法律法规与处理处罚统计

法规名称	文号	内容
《环境保护主管部门实施按日连续处罚办法》	环境保护部令第 28 号	第一章　总则 第一条　为规范实施按日连续处罚，依据《中华人民共和国环境保护法》《中华人民共和国行政处罚法》等法律，制定本办法。 第二条　县级以上环境保护主管部门对企业事业单位和其他生产经营者（以下称排污者）实施按日连续处罚的，适用本办法。 第三条　实施按日连续处罚，应当坚持教育与处罚相结合的原则，引导和督促排污者及时改正环境违法行为。 第四条　环境保护主管部门实施按日连续处罚，应当依法向社会公开行政处罚决定和责令改正违法行为决定等相关信息。 第二章　适用范围 第五条　排污者有下列行为之一，受到罚款处罚，被责令改正，拒不改正的，依法作出罚款处罚决定的环境保护主管部门可以实施按日连续处罚： （一）超过国家或者地方规定的污染物排放标准，或者超过重点污染物排放总量控制指标排放污染物的； （二）通过暗管、渗井、渗坑、灌注或者篡改、伪造监测数据，或者不正常运行防治污染设施等逃避监管的方式排放污染物的； （三）排放法律、法规规定禁止排放的污染物的； （四）违法倾倒危险废物的； （五）其他违法排放污染物行为。 第六条　地方性法规可以根据环境保护的实际需要，增加按日连续处罚的违法行为的种类。 第三章　实施程序 第七条　环境保护主管部门检查发现排污者违法排放污染物的，应当进行调查取证，并依法作出行政处罚决定。 按日连续处罚决定应当在前款规定的行政处罚决定之后作出。 第八条　环境保护主管部门可以当场认定违法排放污染物的，应当在现场调查时向排污者送达责令改正违法行为决定书，责令立即停止违法排放污染物行为。 需要通过环境监测认定违法排放污染物的，环境监测机构应当按照监测技术规范要求进行监测。环境保护主管部门应当在取得环境监测报告后三个工作日内向排污者送达责令改正违法行为决定书，责令立即停止违法排放污染物行为。

法规名称	文号	内容
《环境保护主管部门实施按日连续处罚办法》	环境保护部令第 28 号	第九条　责令改正违法行为决定书应当载明下列事项： （一）排污者的基本情况，包括名称或者姓名、营业执照号码或者居民身份证号码、组织机构代码、地址以及法定代表人或者主要负责人姓名等； （二）环境违法事实和证据； （三）违反法律、法规或者规章的具体条款和处理依据； （四）责令立即改正的具体内容； （五）拒不改正可能承担按日连续处罚的法律后果； （六）申请行政复议或者提起行政诉讼的途径和期限； （七）环境保护主管部门的名称、印章和决定日期。 第十条　环境保护主管部门应当在送达责令改正违法行为决定书之日起三十日内，以暗查方式组织对排污者违法排放污染物行为的改正情况实施复查。 第十一条　排污者在环境保护主管部门实施复查前，可以向作出责令改正违法行为决定书的环境保护主管部门报告改正情况，并附具相关证明材料。 第十二条　环境保护主管部门复查时发现排污者拒不改正违法排放污染物行为的，可以对其实施按日连续处罚。 环境保护主管部门复查时发现排污者已经改正违法排放污染物行为或者已经停产、停业、关闭的，不启动按日连续处罚。 第十三条　排污者具有下列情形之一的，认定为拒不改正： （一）责令改正违法行为决定书送达后，环境保护主管部门复查发现仍在继续违法排放污染物的； （二）拒绝、阻挠环境保护主管部门实施复查的。 第十四条　复查时排污者被认定为拒不改正违法排放污染物行为的，环境保护主管部门应当按照本办法第八条的规定再次作出责令改正违法行为决定书并送达排污者，责令立即停止违法排放污染物行为，并应当依照本办法第十条、第十二条的规定对排污者再次进行复查。 第十五条　环境保护主管部门实施按日连续处罚应当符合法律规定的行政处罚程序。 第十六条　环境保护主管部门决定实施按日连续处罚的，应当依法作出处罚决定书。 处罚决定书应当载明下列事项： （一）排污者的基本情况，包括名称或者姓名、营业执照号码或者居民身份证号码、组织机构代码、地址以及法定代表人或者主要负责人姓名等；

法规名称	文号	内容
《环境保护主管部门实施按日连续处罚办法》	环境保护部令第28号	（二）初次检查发现的环境违法行为及该行为的原处罚决定、拒不改正的违法事实和证据； （三）按日连续处罚的起止时间和依据； （四）按照按日连续处罚规则决定的罚款数额； （五）按日连续处罚的履行方式和期限； （六）申请行政复议或者提起行政诉讼的途径和期限； （七）环境保护主管部门名称、印章和决定日期。 第四章　计罚方式 第十七条　按日连续处罚的计罚日数为责令改正违法行为决定书送达排污者之日的次日起，至环境保护主管部门复查发现违法排放污染物行为之日止。再次复查仍拒不改正的，计罚日数累计执行。 第十八条　再次复查时违法排放污染物行为已经改正，环境保护主管部门在之后的检查中又发现排污者有本办法第五条规定的情形的，应当重新作出处罚决定，按日连续处罚的计罚周期重新起算。按日连续处罚次数不受限制。 第十九条　按日连续处罚每日的罚款数额，为原处罚决定书确定的罚款数额。 按照按日连续处罚规则决定的罚款数额，为原处罚决定书确定的罚款数额乘以计罚日数。 第五章　附则 第二十条　环境保护主管部门针对违法排放污染物行为实施按日连续处罚的，可以同时适用责令排污者限制生产、停产整治或者查封、扣押等措施；因采取上述措施使排污者停止违法排污行为的，不再实施按日连续处罚。 第二十一条　本办法由国务院环境保护主管部门负责解释。 第二十二条　本办法自2015年1月1日起施行。
《环境保护主管部门实施查封、扣押办法》	环境保护部令第29号	第一章　总则 第一条　为规范实施查封、扣押，依据《中华人民共和国环境保护法》《中华人民共和国行政强制法》等法律，制定本办法。 第二条　对企业事业单位和其他生产经营者（以下称排污者）违反法律法规规定排放污染物，造成或者可能造成严重污染，县级以上环境保护主管部门对造成污染物排放的设施、设备实施查封、扣押的，适用本办法。 第三条　环境保护主管部门实施查封、扣押所需经费，应当列入本机关的行政经费预算，由同级财政予以保障。

法规名称	文号	内容
《环境保护主管部门实施查封、扣押办法》	环境保护部令第 29 号	第二章　适用范围 第四条　排污者有下列情形之一的，环境保护主管部门依法实施查封、扣押： （一）违法排放、倾倒或者处置含传染病病原体的废物、危险废物、含重金属污染物或者持久性有机污染物等有毒物质或者其他有害物质的； （二）在饮用水水源一级保护区、自然保护区核心区违反法律法规规定排放、倾倒、处置污染物的； （三）违反法律法规规定排放、倾倒化工、制药、石化、印染、电镀、造纸、制革等工业污泥的； （四）通过暗管、渗井、渗坑、灌注或者篡改、伪造监测数据，或者不正常运行防治污染设施等逃避监管的方式违反法律法规规定排放污染物的； （五）较大、重大和特别重大突发环境事件发生后，未按照要求执行停产、停排措施，继续违反法律法规规定排放污染物的； （六）法律、法规规定的其他造成或者可能造成严重污染的违法排污行为。 有前款第一项、第二项、第三项、第六项情形之一的，环境保护主管部门可以实施查封、扣押；已造成严重污染或者有前款第四项、第五项情形之一的，环境保护主管部门应当实施查封、扣押。 第五条　环境保护主管部门查封、扣押排污者造成污染物排放的设施、设备，应当符合有关法律的规定。不得重复查封、扣押排污者已被依法查封的设施、设备。 对不易移动的或者有特殊存放要求的设施、设备，应当就地查封。查封时，可以在该设施、设备的控制装置等关键部件或者造成污染物排放所需供水、供电、供气等开关阀门张贴封条。 第六条　具备下列情形之一的排污者，造成或者可能造成严重污染的，环境保护主管部门应当按照有关环境保护法律法规予以处罚，可以不予实施查封、扣押： （一）城镇污水处理、垃圾处理、危险废物处置等公共设施的运营单位； （二）生产经营业务涉及基本民生、公共利益的； （三）实施查封、扣押可能影响生产安全的。 第七条　环境保护主管部门实施查封、扣押的，应当依法向社会公开查封、扣押决定，查封、扣押延期情况和解除查封、扣押决定等相关信息。

法规名称	文号	内容
《环境保护主管部门实施查封、扣押办法》	环境保护部令第29号	第三章 实施程序 第八条 实施查封、扣押的程序包括调查取证、审批、决定、执行、送达、解除。 第九条 环境保护主管部门实施查封、扣押前，应当做好调查取证工作。 查封、扣押的证据包括现场检查笔录、调查询问笔录、环境监测报告、视听资料、证人证言和其他证明材料。 第十条 需要实施查封、扣押的，应当书面报经环境保护主管部门负责人批准；案情重大或者社会影响较大的，应当经环境保护主管部门案件审查委员会集体审议决定。 第十一条 环境保护主管部门决定实施查封、扣押的，应当制作查封、扣押决定书和清单。 查封、扣押决定书应当载明下列事项： （一）排污者的基本情况，包括名称或者姓名、营业执照号码或者居民身份证号码、组织机构代码、地址以及法定代表人或者主要负责人姓名等； （二）查封、扣押的依据和期限； （三）查封、扣押设施、设备的名称、数量和存放地点等； （四）排污者应当履行的相关义务及申请行政复议或者提起行政诉讼的途径和期限； （五）环境保护主管部门的名称、印章和决定日期。 第十二条 实施查封、扣押应当符合下列要求： （一）由两名以上具有行政执法资格的环境行政执法人员实施，并出示执法身份证件； （二）通知排污者的负责人或者受委托人到场，当场告知实施查封、扣押的依据以及依法享有的权利、救济途径，并听取其陈述和申辩； （三）制作现场笔录，必要时可以进行现场拍摄。现场笔录的内容应当包括查封、扣押实施的起止时间和地点等； （四）当场清点并制作查封、扣押设施、设备清单，由排污者和环境保护主管部门分别收执。委托第三人保管的，应同时交第三人收执。执法人员可以对上述过程进行现场拍摄； （五）现场笔录和查封、扣押设施、设备清单由排污者和执法人员签名或者盖章； （六）张贴封条或者采取其他方式，明示环境保护主管部门已实施查封、扣押。

法规名称	文号	内容
《环境保护主管部门实施查封、扣押办法》	环境保护部令第 29 号	第十三条　情况紧急，需要当场实施查封、扣押的，应当在实施后二十四小时内补办批准手续。环境保护主管部门负责人认为不需要实施查封、扣押的，应当立即解除。 第十四条　查封、扣押决定书应当当场交付排污者负责人或者受委托人签收。排污者负责人或者受委托人应当签名或者盖章，注明日期。 实施查封、扣押过程中，排污者负责人或者受委托人拒不到场或者拒绝签名、盖章的，环境行政执法人员应当予以注明，并可以邀请见证人到场，由见证人和环境行政执法人员签名或者盖章。 第十五条　查封、扣押的期限不得超过三十日；情况复杂的，经本级环境保护主管部门负责人批准可以延长，但延长期限不得超过三十日。法律、法规另有规定的除外。 延长查封、扣押的决定应当及时书面告知排污者，并说明理由。 第十六条　对就地查封的设施、设备，排污者应当妥善保管，不得擅自损毁封条、变更查封状态或者启用已查封的设施、设备。对扣押的设施、设备，环境保护主管部门应当妥善保管，也可以委托第三人保管。扣押期间设施、设备的保管费用由环境保护主管部门承担。 第十七条　查封的设施、设备造成损失的，由排污者承担。扣押的设施、设备造成损失的，由环境保护主管部门承担；因受委托第三人原因造成损失的，委托的环境保护主管部门先行赔付后，可以向受委托第三人追偿。 第十八条　排污者在查封、扣押期限届满前，可以向决定实施查封、扣押的环境保护主管部门提出解除申请，并附具相关证明材料。 第十九条　环境保护主管部门应当自收到解除查封、扣押申请之日起五个工作日内，组织核查，并根据核查结果分别作出如下决定： （一）确已改正违反法律法规规定排放污染物行为的，解除查封、扣押； （二）未改正违反法律法规规定排放污染物行为的，维持查封、扣押。 第二十条　环境保护主管部门实施查封、扣押后，应当及时查清事实，有下列情形之一的，应当立即作出解除查封、扣押决定： （一）对违反法律法规规定排放污染物行为已经作出行政处罚或者处理决定，不再需要实施查封、扣押的； （二）查封、扣押期限已经届满的； （三）其他不再需要实施查封、扣押的情形。

法规名称	文号	内容
《环境保护主管部门实施查封、扣押办法》	环境保护部令第29号	第二十一条 查封、扣押措施被解除的，环境保护主管部门应当立即通知排污者，并自解除查封、扣押决定作出之日起三个工作日内送达解除决定。 扣押措施被解除的，还应当通知排污者领回扣押物；无法通知的，应当进行公告，排污者应当自招领公告发布之日起六十日内领回；逾期未领回的，所造成的损失由排污者自行承担。 扣押物无法返还的，环境保护主管部门可以委托拍卖机构依法拍卖或者变卖，所得款项上缴国库。 第二十二条 排污者涉嫌环境污染犯罪已由公安机关立案侦查的，环境保护主管部门应当依法移送查封、扣押的设施、设备及有关法律文书、清单。 第二十三条 环境保护主管部门对查封后的设施、设备应当定期检视其封存情况。 排污者阻碍执法、擅自损毁封条、变更查封状态或者隐藏、转移、变卖、启用已查封的设施、设备的，环境保护主管部门应当依据《中华人民共和国治安管理处罚法》等法律法规及时提请公安机关依法处理。 第四章 附则 第二十四条 本办法由国务院环境保护主管部门负责解释。 第二十五条 本办法自2015年1月1日起施行。
《环境保护主管部门实施限制生产、停产整治办法》	环境保护部令第30号	第一章 总则 第一条 为规范实施限制生产、停产整治措施，依据《中华人民共和国环境保护法》，制定本办法。 第二条 县级以上环境保护主管部门对超过污染物排放标准或者超过重点污染物排放总量控制指标排放污染物的企业事业单位和其他生产经营者（以下称排污者），责令采取限制生产、停产整治措施的，适用本办法。 第三条 环境保护主管部门作出限制生产、停产整治决定时，应当责令排污者改正或者限期改正违法行为，并依法实施行政处罚。 第四条 环境保护主管部门实施限制生产、停产整治的，应当依法向社会公开限制生产、停产整治决定，限制生产延期情况和解除限制生产、停产整治的日期等相关信息。 第二章 适用范围 第五条 排污者超过污染物排放标准或者超过重点污染物日最高允许排放总量控制指标的，环境保护主管部门可以责令其采取限制生产措施。

法规名称	文号	内容
《环境保护主管部门实施限制生产、停产整治办法》	环境保护部令第 30 号	第六条　排污者有下列情形之一的，环境保护主管部门可以责令其采取停产整治措施： （一）通过暗管、渗井、渗坑、灌注或者篡改、伪造监测数据，或者不正常运行防治污染设施等逃避监管的方式排放污染物，超过污染物排放标准的； （二）非法排放含重金属、持久性有机污染物等严重危害环境、损害人体健康的污染物超过污染物排放标准三倍以上的； （三）超过重点污染物排放总量年度控制指标排放污染物的； （四）被责令限制生产后仍然超过污染物排放标准排放污染物的； （五）因突发事件造成污染物排放超过排放标准或者重点污染物排放总量控制指标的； （六）法律、法规规定的其他情形。 第七条　具备下列情形之一的排污者，超过污染物排放标准或者超过重点污染物排放总量控制指标排放污染物的，环境保护主管部门应当按照有关环境保护法律法规予以处罚，可以不予实施停产整治： （一）城镇污水处理、垃圾处理、危险废物处置等公共设施的运营单位； （二）生产经营业务涉及基本民生、公共利益的； （三）实施停产整治可能影响生产安全的。 第八条　排污者有下列情形之一的，由环境保护主管部门报经有批准权的人民政府责令停业、关闭： （一）两年内因排放含重金属、持久性有机污染物等有毒物质超过污染物排放标准受过两次以上行政处罚，又实施前列行为的； （二）被责令停产整治后拒不停产或者擅自恢复生产的； （三）停产整治决定解除后，跟踪检查发现又实施同一违法行为的； （四）法律法规规定的其他严重环境违法情节。 第三章　实施程序 第九条　环境保护主管部门在作出限制生产、停产整治决定前，应当做好调查取证工作。 责令限制生产、停产整治的证据包括现场检查笔录、调查询问笔录、环境监测报告、视听资料、证人证言和其他证明材料。 第十条　作出限制生产、停产整治决定前，应当书面报经环境保护主管部门负责人批准；案情重大或者社会影响较大的，应当经环境保护主管部门案件审查委员会集体审议决定。

法规名称	文号	内容
《环境保护主管部门实施限制生产、停产整治办法》	环境保护部令第30号	第十一条 环境保护主管部门作出限制生产、停产整治决定前，应当告知排污者有关事实、依据及其依法享有的陈述、申辩或者要求举行听证的权利；就同一违法行为进行行政处罚的，可以在行政处罚事先告知书或者行政处罚听证告知书中一并告知。 第十二条 环境保护主管部门作出限制生产、停产整治决定的，应当制作责令限制生产决定书或者责令停产整治决定书，也可以在行政处罚决定书中载明。 第十三条 责令限制生产决定书和责令停产整治决定书应当载明下列事项： （一）排污者的基本情况，包括名称或者姓名、营业执照号码或者居民身份证号码、组织机构代码、地址以及法定代表人或者主要负责人姓名等； （二）违法事实、证据，以及作出限制生产、停产整治决定的依据； （三）责令限制生产、停产整治的改正方式、期限； （四）排污者应当履行的相关义务及申请行政复议或者提起行政诉讼的途径和期限； （五）环境保护主管部门的名称、印章和决定日期。 第十四条 环境保护主管部门应当自作出限制生产、停产整治决定之日起七个工作日内将决定书送达排污者。 第十五条 限制生产一般不超过三个月；情况复杂的，经本级环境保护主管部门负责人批准，可以延长，但延长期限不得超过三个月。停产整治的期限，自责令停产整治决定书送达排污者之日起，至停产整治决定解除之日止。 第十六条 排污者应当在收到责令限制生产决定书或者责令停产整治决定书后立即整改，并在十五个工作日内将整改方案报作出决定的环境保护主管部门备案并向社会公开。整改方案应当确定改正措施、工程进度、资金保障和责任人员等事项。 被限制生产的排污者在整改期间，不得超过污染物排放标准或者重点污染物日最高允许排放总量控制指标排放污染物，并按照环境监测技术规范进行监测或者委托有条件的环境监测机构开展监测，保存监测记录。 第十七条 排污者完成整改任务的，应当在十五个工作日内将整改任务完成情况和整改信息社会公开情况，报作出限制生产、停产整治决定的环境保护主管部门备案，并提交监测报告以及整改期间生产用电量、用水量、主要产品产量与整改前的对比情况等材料。限制生产、停产整治决定自排污者报环境保护主管部门备案之日起解除。

法规名称	文号	内容
《环境保护主管部门实施限制生产、停产整治办法》	环境保护部令第 30 号	第十八条 排污者有下列情形之一的，限制生产、停产整治决定自行终止： （一）依法被撤销、解散、宣告破产或者因其他原因终止营业的； （二）被有批准权的人民政府依法责令停业、关闭的。 第十九条 排污者被责令限制生产、停产整治后，环境保护主管部门应当按照相关规定对排污者履行限制生产、停产整治措施的情况实施后督察，并依法进行处理或者处罚。 第二十条 排污者解除限制生产、停产整治后，环境保护主管部门应当在解除之日起三十日内对排污者进行跟踪检查。 第四章 附则 第二十一条 本办法由国务院环境保护主管部门负责解释。 第二十二条 本办法自 2015 年 1 月 1 日起施行。
《企业事业单位环境信息公开办法》	环境保护部令第 31 号	第一条 为维护公民、法人和其他组织依法享有获取环境信息的权利，促进企业事业单位如实向社会公开环境信息，推动公众参与和监督环境保护，根据《中华人民共和国环境保护法》《企业信息公示暂行条例》等有关法律法规，制定本办法。 第二条 环境保护部负责指导、监督全国企业事业单位环境信息公开工作。 县级以上环境保护主管部门负责指导、监督本行政区域内的企业事业单位环境信息公开工作。 第三条 企业事业单位应当按照强制公开和自愿公开相结合的原则，及时、如实地公开其环境信息。 第四条 环境保护主管部门应当建立健全指导、监督企业事业单位环境信息公开工作制度。环境保护主管部门开展指导、监督企业事业单位环境信息公开工作所需经费，应当列入本部门的行政经费预算。有条件的环境保护主管部门可以建设企业事业单位环境信息公开平台。 企业事业单位应当建立健全本单位环境信息公开制度，指定机构负责本单位环境信息公开日常工作。 第五条 环境保护主管部门应当根据企业事业单位公开的环境信息及政府部门环境监管信息，建立企业事业单位环境行为信用评价制度。 第六条 企业事业单位环境信息涉及国家秘密、商业秘密或者个人隐私的，依法可以不公开；法律、法规另有规定的，从其规定。 第七条 设区的市级人民政府环境保护主管部门应当于每年 3 月底前确定本行政区域内重点排污单位名录，并通过政府网站、报刊、广播、电视等便于公众知晓的方式公布。

法规名称	文号	内容
《企业事业单位环境信息公开办法》	环境保护部令第31号	环境保护主管部门确定重点排污单位名录时，应当综合考虑本行政区域的环境容量、重点污染物排放总量控制指标的要求，以及企业事业单位排放污染物的种类、数量和浓度等因素。 第八条 具备下列条件之一的企业事业单位，应当列入重点排污单位名录： （一）被设区的市级以上人民政府环境保护主管部门确定为重点监控企业的； （二）具有试验、分析、检测等功能的化学、医药、生物类省级重点以上实验室、二级以上医院、污染物集中处置单位等污染物排放行为引起社会广泛关注的或者可能对环境敏感区造成较大影响的； （三）三年内发生较大以上突发环境事件或者因环境污染问题造成重大社会影响的； （四）其他有必要列入的情形。 第九条 重点排污单位应当公开下列信息： （一）基础信息，包括单位名称、组织机构代码、法定代表人、生产地址、联系方式，以及生产经营和管理服务的主要内容、产品及规模； （二）排污信息，包括主要污染物及特征污染物的名称、排放方式、排放口数量和分布情况、排放浓度和总量、超标情况，以及执行的污染物排放标准、核定的排放总量； （三）防治污染设施的建设和运行情况； （四）建设项目环境影响评价及其他环境保护行政许可情况； （五）突发环境事件应急预案； （六）其他应当公开的环境信息。 列入国家重点监控企业名单的重点排污单位还应当公开其环境自行监测方案。 第十条 重点排污单位应当通过其网站、企业事业单位环境信息公开平台或者当地报刊等便于公众知晓的方式公开环境信息，同时可以采取以下一种或者几种方式予以公开： （一）公告或者公开发行的信息专刊； （二）广播、电视等新闻媒体； （三）信息公开服务、监督热线电话； （四）本单位的资料索取点、信息公开栏、信息亭、电子屏幕、电子触摸屏等场所或者设施； （五）其他便于公众及时、准确获得信息的方式。

法规名称	文号	内容
《企业事业单位环境信息公开办法》	环境保护部令第 31 号	第十一条　重点排污单位应当在环境保护主管部门公布重点排污单位名录后九十日内公开本办法第九条规定的环境信息；环境信息有新生成或者发生变更情形的，重点排污单位应当自环境信息生成或者变更之日起三十日内予以公开。法律、法规另有规定的，从其规定。 第十二条　重点排污单位之外的企业事业单位可以参照本办法第九条、第十条和第十一条的规定公开其环境信息。 第十三条　国家鼓励企业事业单位自愿公开有利于保护生态、防治污染、履行社会环境责任的相关信息。 第十四条　环境保护主管部门有权对重点排污单位环境信息公开活动进行监督检查。被检查者应当如实反映情况，提供必要的资料。 第十五条　环境保护主管部门应当宣传和引导公众监督企业事业单位环境信息公开工作。 公民、法人和其他组织发现重点排污单位未依法公开环境信息的，有权向环境保护主管部门举报。接受举报的环境保护主管部门应当对举报人的相关信息予以保密，保护举报人的合法权益。 第十六条　重点排污单位违反本办法规定，有下列行为之一的，由县级以上环境保护主管部门根据《中华人民共和国环境保护法》的规定责令公开，处三万元以下罚款，并予以公告： （一）不公开或者不按照本办法第九条规定的内容公开环境信息的； （二）不按本办法第十条规定的方式公开环境信息的； （三）不按照本办法第十一条规定的时限公开环境信息的； （四）公开内容不真实、弄虚作假的。 法律、法规另有规定的，从其规定。 第十七条　本办法由国务院环境保护主管部门负责解释。 第十八条　本办法自 2015 年 1 月 1 日起施行。

第8章

远程执法指挥的辅助决策功能设计

8.1　远程执法指挥功能设计理念

为提升执法人员智慧执法能力，辅助环境监管智慧决策，建设"执法指挥舱"功能。通过执法指挥页面中的各项功能模块满足不同级别环境执法部门对不同行业企业大气污染物违规排放行为的现场监督取证需求，巩固提升现场执法效能，最终达到改善现场执法质量的目的。

执法指挥页面主要包括现场连线、区域监管、清单式执法、现场监测执法以及辅助监测执法 5 个模块，实现现场连线与辅助决策数据的有效交互（图 8-1）。执法人员可以通过现场连线进一步掌握现场的执法情况，通过区域监管可以看到企业的一源一档信息，企业周边监测站点的数据以及企业历史检查信息，可以全面了解企业的信息，同时了解企业周边污染情况，通过清单式执法对企业的排污许可证执行情况、排气筒与采样平台设置情况、大气污染防治设施建设运行情况、自动监测情况等进行全面分析，进而确认是否存在违法行为；通过现场监测执法对污染物的排放进行定量分析，有利于现场执法人员在执法过程中有据可依；通过辅助监测结果了解企业大气污染排放的整体情况，结合区域监管的信息最终确认污染源分布，执法人员可根据执法指挥页面的各种数据以及现场情况，综合分析企业情况，判定违法情况，指导现场执法人员进行下一步执法，实现科学精准的现场执法。

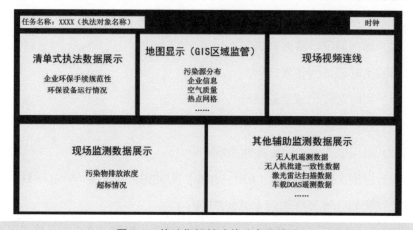

图 8-1　执法指挥舱功能分布图设计

8.2 基于地图的区域情况监管

充分利用 GIS 技术和大数据技术，实现基于地理信息系统的执法管理与决策辅助功能，通过汇集交互各类环境污染源基本信息、执法数据、现场监测数据、监管数据以及其他相关数据，服务于环境监察问题的诊断、评估与决策，为现场执法人员精准执法提供技术支撑，实现环境监察智慧决策。

执法指挥中加入区域管理可以实现精准执法，提高监察执法效率。区域环境管理，通过对区域热点网格数据、环境质量数据、气象数据、污染源数据等进行数据综合分析与深度挖掘，锁定污染物排放异常区域，为环境监察执法人员提供疑似异常企业名单。

8.3 现场指挥视频连线

现场指挥连线通过实时画面的传送了解监察任务的实际情况，同时也可以了解监察对象的实际情况，根据实际情况做出相应的判断，并制订下一步监察计划或者处罚决定。

执法记录仪的主要功能如下：

（1）影像位置实时监看；

（2）远程调度、实时对讲；

（3）实时记录回传现场；

（4）实时定位记录坐标轨迹；

（5）远程实时呼叫群组对讲；

（6）采用嵌入式 Linux 操作系统；

（7）视频录像分辨率为 1 920×1 080，视频帧率为 30 帧/s，4G 网络下实时传输视频的分辨率可达到 1 080P/720P；

（8）照片最高输出像素数 4 100 万，分辨率为 900 线，JPG 文件格式保存；

（9）执法记录仪显示屏采用 2.0 英寸高清显示屏，最大亮度等于 439 cd/m^2，可设置视频分辨率、照片像素、直播分辨率、连接网络、设置定位功能等；

（10）具备一个 Sim 卡槽，内置 4G 模块，支持全网通移动网络实时传输；

（11）内置 Wi-Fi 功能，可实现无线连接操作及连接无线网络实时传输；

（12）内置北斗/GPS 模块，通过接收卫星数据并提供定位信息，具有北斗+GPS 双模定位功能，具有通过 GPS 自动对时功能；

（13）具有一键报警功能，产生报警时平台可自动发出报警声音，并可自动弹出实时视频与抓拍照片。报警录像不会被自动删除；

（14）自动红外夜视灯开/关，滤光片自动切换，有效距离 10 m，可看清人体轮廓；在有效拍摄距离 4 m 处，能看清画面中人物的面部特征；

（15）文件视频标记功能及日志记录功能：执法记录仪在拍摄过程中，通过按下相应按键，对此视频文件做标记和取消标记，执法仪应能对重要视频及低电量提示进行日志记录。

执法记录仪能够在执法过程中及时收集相关信息，包括清单式执法和现场数据监测等实际情况。同时执法记录仪具有同步录音、录像功能，对一些偶然发生的污染事件可以及时取证固定，在现场执法中至关重要。如果没有有力的证据，在现场执法时将十分被动，抑或会因证据不足导致执法失败。

执法记录仪警示、震慑违法行为人，自觉遵守法律法规。执法人员在执法时，如果正常使用执法记录仪并提前告知执法相对人，使其意识到自己的一举一动、一言一行都将被录音、录像，其会自觉地收敛不良举动。

执法记录仪可以监督规范执法人员执法行为，保障执法人员的合法权益。执法记录仪在正常使用过程中对执法人员是否依法按程序、文明规范执法都会即时记录，督促其在工作中不能有丝毫懈怠，既规范了执法人员执法活动，又有助于提升执法人员的执法水准，尤其是在参与突发事件以及采取强制措施的现场处置中，能够起到一名"无声督察"的职责。相反，如果在执法活动中，遇到当事人的恶意投诉以及事后纪检监察等部门的督查时能够及时予以澄清，可维护执法人员的合法权益，成为一线执法人员的忠诚"战友"。

执法记录仪记录了执法人员执法的全过程，既能保护执法人员合法权益，又能监督执法人员执法的规范性、合法性，可以说也是一把"双刃剑"。

8.4 执法指挥决策辅助

通过现场监测结果、清单式执法结果、异常区识别结果、车载遥测结果、现场监测结果及是否超标排放的实时显示，为远程执法指挥提供辅助决策功能。

（1）现场监测数据

通过各种便携式监测设备在现场进行数据监测，并实时接入执法指挥，提高取证能力。有效解决环境监察移动执法系统现场取证手段不足的问题，从根本上解决执法需求问题，因此在执法指挥中加入现场监测结果模块。现场监测结果模块以便携式污染物监测设备为监测取证手段，针对不同污染源大气污染监督执法需求，有机组合经过筛选的便携式测试技术，将设备取证结果与软件系统实现实时互通，为现场执法提供高效辅助。

（2）清单式执法数据

清单式执法可以根据已有资料对企业基本信息进行深入的了解。询问企业污染情况是否和相应环保手续保持一致，并通过现场执法确认现场情况是否和环保手续相符，同时也确定各项设施是否符合国家相关规定。

（3）辅助监测数据

辅助监测结果可以有效实现污染源异常区识别功能，通过无人机遥测数据、激光雷达扫描数据、车载 DOAS 监测数据等进行数据综合分析与深度挖掘，明确污染物排放异常区域，同时根据区域管理过程中发现的疑似异常企业名单，进一步对待查企业进行遥测，确定疑似异常排放点位，实现精准执法，提高环境监察执法效率。

第 9 章

执法助手功能设计

9.1　执法助手功能设计理念

系统在执法助手功能主要建设"一源一档""监察模板""违法行为与处罚查询""法律法规查询""工艺流程查询""其他信息查询"等辅助功能区，为执法人员提供"环保执法知识查询"环绕立体服务，同时依托移动执法系统内置的环境管理数据库，为执法检查前的准备、执法检查中信息的调用和采集以及执法检查后信息的分析汇总提供辅助支持，辅助环保执法系统实现数字化建设。执法助手功能分布如图 9-1 所示。

9.2　一源一档

系统在"一源一档"功能区的设计上，拟构建污染源企业数据库，实现不同企业独立建档、分类管理的目标。污染源企业的信息化管理主要从两方面入手，其一为企业基本信息的记录与整合，其二为污染源信息的分类查询（图 9-1）。

企业基本信息包含企业别名、单位地址、企业执照、营业执照代码、组织机构代码、法人代表、联系电话、传真号码、环保联系人、环保联系人电话、环保联系新人联系地址、行业代码、行业名称、所属区县、管辖归属、所属街道、邮政编码等。

在企业信息更新功能上设计了信息字段名、原值、新值、更信任、状态、更新日期、审核人、审核状态、审核日期 9 个统计字段，保证及时、全面更新污染源的变更明细，实现污染源的信息化管理，方便现场执法人员的环境监测工作。

系统在污染源的查询方式的设计上，系统根据行政区、污染源类别、管理属性三个维度的查询方式。行政区区划的查询依据执法地行政区。污染源类别查询依据是中华人民共和国国家质量监督检验检疫总局和中国国家标准化管理委员会在 2017 年联合发布的《国民经济行业分类》。

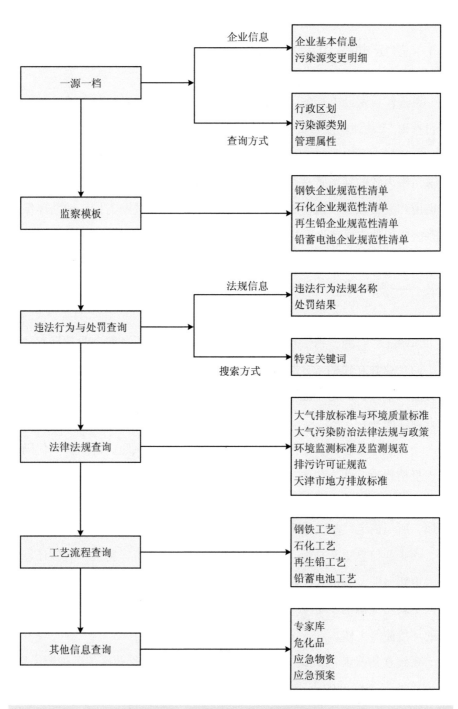

图 9-1 执法助手功能架构设计

管理属性查询依据为重点源和污染源类型两方面，其中重点源的级别设有国控重点源、市控重点源、区控重点源、二级以上医院、重点实验室、在线监测企业 6 个等级，污染源类别设有废气、废水和固体废物 3 种。

9.3　监察模板

监察模板管理的企业类型设计可包括钢铁企业规范性清单、石化企业规范性清单、再生铅企业规范性清单和铅蓄电池企业规范性清单，重点大气行业也可设计"其他企业规范性清单"模板以供对其他企业进行清单式管理执法。

9.4　违法行为与处罚查询

违法行为与处罚查询功能为执法人员提供实时在线的处理处罚依据便捷式服务，辅助执法人员进行违法行为与处罚条款的实时查询，数据库内容包含依据法规的名称、违法条款的具体内容及处罚办法，执法人员可通过"依据法规或关键字"的输入查询相关法律条款内容。

9.5　法律法规查询

系统增加法律法规查询功能，系统法律法规数据库内容主要包括大气排放标准与环境质量标准、大气法律法规与政策、环境监测标准与监测规范、排污许可证申请与核发技术规范、地方排放标准 5 个方面，主要目的是为现场执法人员提供全方位的环保法律知识援助。

（1）大气排放标准与环境质量标准

表 9-1　大气环境保护法律法规统计

类别	法律法规文件	标准编号	所属行业
大气环境质量标准	《环境空气质量标准》	GB 3095—2012	—
	《乘用车内空气质量评价指南》	GB/T 27630—2011	—
	《室内空气质量标准》	GB/T 18883—2002	—
大气污染物排放标准	《储油库大气污染物排放标准》	GB 20950—2007	石化行业
	《加油站大气污染物排放标准》	GB 20952—2007	
	《石油炼制工业污染物排放标准》	GB 31570—2015	
	《石油化学工业污染物排放标准》	GB 31571—2015	
	《再生铜、铝、铅、锌工业污染物排放标准》	GB 31574—2015	重金属行业
	《锡、锑、汞工业污染物排放标准》	GB 30770—2014	
	《钒工业污染物排放标准》	GB 26452—2011	
	《镁、钛工业污染物排放标准》	GB 25468—2010	
	《铜、镍、钴工业污染物排放标准》	GB 25467—2010	
	《铅、锌工业污染物排放标准》	GB 25466—2010	
	《铝工业污染物排放标准》	GB 25465—2010	
	《炼焦化学工业污染物排放标准》	GB 16171—2012	钢铁行业
	《铁合金工业污染物排放标准》	GB 28666—2012	
	《铁矿采选工业污染物排放标准》	GB 28661—2012	
	《轧钢工业大气污染物排放标准》	GB 28665—2012	
	《炼钢工业大气污染物排放标准》	GB 28664—2012	
	《炼铁工业大气污染物排放标准》	GB 28663—2012	
	《钢铁烧结、球团工业大气污染物排放标准》	GB 28662—2012	
	《火电厂大气污染物排放标准》	GB 13223—2011	
	《炼焦炉大气污染物排放标准》	GB 16171—1996	
	《涂料、油墨及胶粘剂工业大气污染物排放标准》	GB 37824—2019	其他行业
	《制药工业大气污染物排放标准》	GB 37823—2019	
	《挥发性有机物无组织排放控制标准》	GB 37822—2019	
	《烧碱、聚氯乙烯工业污染物排放标准》	GB 15581—2016	
	《无机化学工业污染物排放标准》	GB 31573—2015	
	《火葬场大气污染物排放标准》	GB 13801—2015	
	《合成树脂工业污染物排放标准》	GB 31572—2015	
	《锅炉大气污染物排放标准》	GB 13271—2014	

类别	法律法规文件	标准编号	所属行业
大气污染物排放标准	《电池工业污染物排放标准》	GB 30484—2013	—
	《水泥工业大气污染物排放标准》	GB 4915—2013	
	《砖瓦工业大气污染物排放标准》	GB 29620—2013	
	《电子玻璃工业大气污染物排放标准》	GB 29495—2013	
	《平板玻璃工业大气污染物排放标准》	GB 26453—2011	
	《硫酸工业污染物排放标准》	GB 26132—2010	
	《稀土工业污染物排放标准》	GB 26451—2011	
	《硝酸工业污染物排放标准》	GB 26131—2010	
	《陶瓷工业污染物排放标准》	GB 25464—2010	
	《合成革与人造革工业污染物排放标准》	GB 21902—2008	
	《电镀污染物排放标准》	GB 21900—2008	
	《煤层气（煤矿瓦斯）排放标准（暂行）》	GB 21522—2008	
	《煤炭工业污染物排放标准》	GB 20426—2006	
	《水泥工业大气污染物排放标准》	GB 4915—2004	
	《锅炉大气污染物排放标准》	GB 13271—2001	
	《饮食业油烟排放标准（试行）》	GB 18483—2001	
	《工业炉窑大气污染物排放标准》	GB 9078—1996	
	《恶臭污染物排放标准》	GB 14554—93	
	《危险废物贮存污染控制标准》	GB 18597—2001	
	《环境保护图形标志》	GB 15562.1—1995	

（2）大气污染防治法律法规与政策

表9-2　大气污染防治相关政策法规

法规	文号
《中华人民共和国环境保护法》	—
《中华人民共和国大气污染防治法》	—
《"十三五"生态环境保护规划》	—
《"十三五"节能减排综合工作方案》	—
《钢铁企业节能设计标准（征求意见稿）》	—
《京津冀及周边地区 2017 年大气污染防治工作方案》	—
《20 项国家污染物排放标准修改单的公告（征求意见稿）》	—
《关于加强长江经济带工业绿色发展的指导意见》	—
《京津冀及周边地区 2017—2018 年秋冬季大气污染综合治理攻坚行动方案》	—

法规	文号
《关于京津冀大气污染传输通道城市执行大气污染物特别排放限值的公告》	—
《钢铁企业超低排放改造工作方案（征求意见稿）》	—
《打赢蓝天保卫战三年行动计划》	—
《坚决打好工业和通信业污染防治攻坚战三年行动计划》	—
《京津冀及周边地区2018—2019年秋冬季大气污染综合治理攻坚行动方案（征求意见稿）》	—
《排污口规范化整治技术要求》	—
《关于〈大气污染防治行动计划〉实施情况终期考核结果的通报》	环办大气函〔2018〕367号
《关于印发〈大气污染防治行动计划实施情况考核办法（试行）实施细则〉的通知》	环发〔2014〕107号
《国务院办公厅关于印发2014—2015年节能减排低碳发展行动方案的通知》	国办发〔2014〕23号
《关于印发〈空气质量新标准第三阶段监测实施方案〉的通知》	环发〔2014〕62号
《关于加快推进空气质量新标准第二阶段监测实施工作的通知》	环办〔2013〕70号
《关于印发〈空气质量新标准第二阶段监测实施方案〉的通知》	环办〔2013〕30号
《关于执行大气污染物特别排放限值的公告》	公告2013年 第14号
《关于进一步做好重污染天气条件下空气质量监测预警工作的通知》	环办〔2013〕2号
《关于印发〈重点区域大气污染防治"十二五"规划〉的通知》	环发〔2012〕130号
《关于印发〈空气质量新标准第一阶段监测实施方案〉的通知》	环办〔2012〕81号
《排污许可管理办法（试行）》	部令 第48号
《固定污染源排污许可分类管理名录（2017年版）》	部令 第45号
《火电、造纸行业排污许可证执法检查工作方案》	环办环监〔2017〕66号
《火电行业排污许可证申请与核发技术规范》	

（3）环境监测标准及监测规范

表9-3　环境监测标准及监测规范

类别	文件名	标准编号
固定污染源废气	《固定污染源废气 碱雾的测定 电感耦合等离子体发射光谱法》	HJ 1007—2018
	《固定污染源废气 挥发性卤代烃的测定气袋采样-气相色谱法》	HJ 1006—2018
	《固定污染源废气非甲烷总烃连续监测系统技术要求及检测方法》	HJ 1013—2018
	《固定污染源废气 气态汞的测定 活性炭吸附/热裂解原子吸收分光光度法》	HJ 917—2017

类别	文件名	标准编号
固定污染源废气	《固定污染源废气 气态总磷的测定 喹钼柠酮容量法》	HJ 545—2017
	《固定污染源废气 氯气的测定 碘量法》	HJ 547—2017
	《固定污染源废气 总烃、甲烷和非甲烷总烃的测定 气相色谱法》	HJ 38—2017
	《固定污染源废气 酞酸酯类的测定 气相色谱法》	HJ 869—2017
	《固定污染源废气 二氧化碳的测定 非分散红外吸收法》	HJ 870—2017
	《固定污染源废气 二氧化硫的测定 定电位电解法》	HJ 57—2017
	《固定污染源废气 砷的测定 二乙基二硫代氨基甲酸银分光光度法》	HJ 540—2016
固定污染源烟气	《固定污染源烟气（SO_2、NO_x、颗粒物）排放连续监测系统技术要求及检测方法》	HJ 76—2017
	《固定污染源烟气（SO_2、NO_x、颗粒物）排放连续监测技术规范》	HJ 75—2017
固定污染源颗粒物	《固定污染源排气中颗粒物测定与气态污染物采样方法》修改单	GB/T 16157—1996/XG1—2017
环境空气	《环境空气 苯并[a]芘的测定 高效液相色谱法》	HJ 956—2018
	《环境空气 氟化物的测定 滤膜采样/氟离子选择电极法》	HJ 955—2018
	《环境空气气态污染物（SO_2、NO_2、O_3、CO）连续自动监测系统运行和质控技术规范》	HJ 818—2018
	《环境空气颗粒物（PM_{10}和$PM_{2.5}$）连续自动监测系统运行和质控技术规范》	HJ 817—2018
	《环境空气质量手工监测技术规范》	HJ 194—2017
	《环境空气 气态汞的测定 金膜富集/冷原子吸收分光光度法》	HJ 910—2017
	《环境空气 指示性毒杀芬的测定 气相色谱-质谱法》	HJ 852—2017
	《环境空气 颗粒物中无机元素的测定 波长色散 X 射线荧光光谱法》	HJ 830—2017
	《环境空气 颗粒物中无机元素的测定 能量色散 X 射线荧光光谱法》	HJ 829—2017
	《环境空气和废气 总烃、甲烷和非甲烷总烃便携式监测仪技术要求及检测方法》	HJ 1012—2018
	《环境空气和废气 挥发性有机物组分便携式傅里叶红外监测仪技术要求及检测方法》	HJ 1011—2018
	《环境空气挥发性有机物气相色谱连续监测系统技术要求及检测方法》	HJ 1010—2018
	《环境空气 氯气等有毒有害气体的应急监测 电化学传感器法》	HJ 872—2017
	《COD 光度法快速测定仪技术要求及检测方法》	HJ 924—2017
	《环境振动监测技术规范》	HJ 918—2017

（4）排污许可证申请与核发技术规范统计

表9-4 排污许可证申请与核发技术规范统计

标准名称	标准编号	实施日期
《造纸行业排污许可证申请与核发技术规范》	—	2016-12-26
《火电行业排污许可证申请与核发技术规范》	—	2016-12-26
《排污许可证申请与核发技术规范 钢铁工业》	HJ 846—2017	2017-07-27
《排污许可证申请与核发技术规范 水泥工业》	HJ 847—2017	2017-07-27
《排污许可证申请与核发技术规范 石化工业》	HJ 853—2017	2017-08-22
《排污许可证申请与核发技术规范 玻璃工业——平板玻璃》	HJ 856—2017	2017-09-12
《排污许可证申请与核发技术规范 炼焦化学工业》	HJ 854—2017	2017-09-13
《排污许可证申请与核发技术规范 电镀工业》	HJ 855—2017	2017-09-18
《排污许可证申请与核发技术规范 制药工业——原料药制造》	HJ 858.1—2017	2017-09-29
《排污许可证申请与核发技术规范 制革及毛皮加工工业——制革工业》	HJ 859.1—2017	2017-09-29
《排污许可证申请与核发技术规范 农副食品加工工业——制糖工业》	HJ 860.1—2017	2017-09-29
《排污许可证申请与核发技术规范 纺织印染工业》	HJ 861—2017	2017-09-29
《排污许可证申请与核发技术规范 农药制造工业》	HJ 862—2017	2017-09-29
《排污许可证申请与核发技术规范 有色金属工业——铅锌冶炼》	HJ 863.1—2017	2017-09-29
《排污许可证申请与核发技术规范 有色金属工业——铝冶炼》	HJ 863.2—2017	2017-09-29
《排污许可证申请与核发技术规范 有色金属工业——铜冶炼》	HJ 863.3—2017	2017-09-29
《排污许可证申请与核发技术规范 化肥工业——氮肥》	HJ 864.1—2017	2017-09-29
《排污许可证申请与核发技术规范 有色金属工业——汞冶炼》	HJ 931—2017	2017-12-27
《排污许可证申请与核发技术规范 有色金属工业——镁冶炼》	HJ 933—2017	2017-12-27
《排污许可证申请与核发技术规范 有色金属工业——镍冶炼》	HJ 934—2017	2017-12-27

标准名称	标准编号	实施日期
《排污许可证申请与核发技术规范 有色金属工业 ——钛冶炼》	HJ 935—2017	2017-12-27
《排污许可证申请与核发技术规范 有色金属工业 ——锡冶炼》	HJ 936—2017	2017-12-27
《排污许可证申请与核发技术规范 有色金属工业 ——钴冶炼》	HJ 937—2017	2017-12-27
《排污许可证申请与核发技术规范 有色金属工业 ——锑冶炼》	HJ 938—2017	2017-12-27
《排污许可证申请与核发技术规范 总则》	HJ 942—2018	2018-02-08
《排污单位环境管理台账及排污许可证执行报告技术规范 总则（试行）》	HJ 944—2018	2018-03-27
《排污许可证申请与核发技术规范 农副食品加工工业——淀粉工业》	HJ 860.2—2018	2018-06-30
《排污许可证申请与核发技术规范 农副食品加工工业——屠宰及肉类加工工业》	HJ 860.3—2018	2018-06-30
《排污许可证申请与核发技术规范 锅炉》	HJ 953—2018	2018-07-31
《排污许可证申请与核发技术规范 陶瓷砖瓦工业》	HJ 954—2018	2018-07-31
《排污许可证申请与核发技术规范 有色金属工业——再生金属》	HJ 863.4—2018	2018-08-17
《排污许可证申请与核发技术规范 磷肥、钾肥、复混钾肥、有机肥料及微生物肥料工业》	HJ 864.2—2018	2018-09-23
《排污许可证申请与核发技术规范 电池工业》	HJ 967—2018	2018-09-23
《排污许可证申请与核发技术规范 汽车制造业》	HJ 971—2018	2018-09-28
《排污许可证申请与核发技术规范 水处理（试行）》	HJ 978—2018	2018-11-12
《排污许可证申请与核发技术规范 家具制造工业》	HJ 1027—2019	2019-05-03
《排污许可证申请与核发技术规范 酒、饮料制造工业》	HJ 1028—2019	2019-06-14
《排污许可证申请与核发技术规范 畜禽养殖行业》	HJ 1029—2019	2019-06-14
《排污许可证申请与核发技术规范 食品制造工业——乳制品制造工业》	HJ 1030.1—2019	2019-06-21
《排污许可证申请与核发技术规范 食品制造工业——调味品、发酵制品制造工业》	HJ 1030.2—2019	2019-06-21

（5）天津市地方排放标准

表 9-5　天津市排放标准统计

标准名称	标准编号	实施日期
《恶臭污染物排放标准》	DB 12/059—2018	2019-01-01
《锅炉大气污染物排放标准》	DB 12/151—2003	2016-08-01
《天津市工业企业挥发性有机物排放控制标准》	DB 12/524—2014	2014-08-01
《天津市工业炉窑大气污染物排放标准》	DB 12/ 556—2015	2015-02-05
《在用非道路柴油机械烟度排放限值及测量方法》	DB 12/ 588—2015	2015-07-01
《在用点燃式发动机轻型汽车排气污染物排放限值及测量方法（稳态工况法）》	DB 12/ 589—2015	2015-07-01
《在用汽车排气污染物限值及检测方法（遥测法）》	DB 12/T 590—2015	2015-07-01

9.6　工艺流程查询

钢铁、石油化工、铅蓄电池以及再生铅的生产环节均涉及废弃物回收再利用的处理，从产品的生产到产品的产出，再到部分原料的回收再利用，以上 4 种产品的工艺流程均为长流程工艺，在生产环节会产生大量的环境污染物，俗称四类"高污染、高耗能"的产业。建立"生产工艺流程查询"有助于执法人员深度了解目标企业的生产工艺流程、环境污染处理设施的运行情况，帮助移动执法人员监察企业生产的特殊环节，监测企业的环保状况。

（1）钢铁生产工艺流程

一般长流程钢铁公司所采用的主要生产工艺流程分为焦化、烧结、炼铁、炼钢、轧钢 5 部分主要生产工序，见表 9-6。

表 9-6 钢铁生产工序流程

工序流程	经济要求	工序内容
焦化	吨焦精煤耗≤ 1 280 kg/t；冶金焦率≥ 94%	将无烟煤预破碎至 1 mm 以下，与主焦煤、肥煤、1/3 焦煤按一定比例配合，送至锤式粉碎机破碎混匀后，进 JN43-80 型 65 孔焦炉干馏，主产品焦炭经筛分处理后，送炼铁厂使用；副产品荒煤气经煤化工公司处理，提取其中的化产品后，供后道工序（如轧钢加热炉加热钢坯）使用。 该工序中应用直接配无烟煤炼焦工艺，取代配合煤中部分烟煤，在不降低焦炭总体质量的前提下，充分利用白煤资源，对于降低成本，解决紧张资源具有现实的战略意义
烧结	固体燃料耗≤ 45 kg/t（标煤）；烧结矿平均品位≥ 55%；转鼓指数≥64%；返矿率≤17%	将精矿、澳矿、印矿、烧结粉、富矿及回收的轧钢氧化铁皮、钢渣进行预配料，并进行中和平铺堆取，得到混合均匀的各种带铁原料。加入生石灰及预先破碎的煤粉进行混合，送至造球系统配入水及外滚焦粉进行造球，而后送入烧结机进行布料、点火烧结，成品烧结矿经破碎及筛分冷却后送入炼铁高炉使用，一小部分筛下物即返矿返回配料系统回收再行配料循环使用。该工序中运用的小球、低温热风烧结技术，通过造球改善烧结的状态，对提高烧结矿性能，降低固体燃料耗具有实用价值
炼铁	铁矿石耗≤ 1 660 kg/t；高炉入炉焦比≤ 420 kg/t；高炉喷煤比≥ 100 kg/t	将破碎筛分好的冶金焦炭（除自产外，尚有一部分外购焦）、烧结矿，及配加一定的球团矿、块矿或焦丁、煤块、废铁按一定的比例顺序送入高炉，在前述的燃料及喷煤、富氧、鼓风的燃烧作用下，在高炉内发生分解还原反应，分离出铁水及高炉渣，产生高炉煤气，铁水除一小部分铸为铸造用生铁外，绝大部分作为炼钢用铁水送入炼钢厂混铁炉备用；高炉炉渣经冲渣后的水渣可作为水泥厂的配料外售；高炉煤气净化后供焦化厂焦炉加热及炼铁热风炉等用户使用
炼钢	转炉钢铁料耗≤1 075 kg/t；氧气耗≤ 70 m³/t；石灰耗≤80 kg/t	将预先处理的废钢铁加入转炉，从混铁炉取出铁水兑入，加入石灰等造渣材料并予以吹氧冶炼，经出钢配加各类铁合金，成分合格后送至吹氩站进行吹氩、吹氮调温或喂丝，将合格的钢水送至连铸机进行浇铸，铸成连铸坯后送至轧钢厂轧制。对于特殊要求的钢种还需配备铁水预处理设施及 LF 精炼炉等工序并结合上述的转炉及连铸工序来生产合格的连铸坯。在冶炼过程产生的转炉煤气，经净化处理后供炼钢内部烘钢包及并网使用，转炉污泥水及钢渣经处理后，返回烧结工序中配入循环使用。该工序中应用转炉溅渣护炉技术、小方坯全连铸技术等先进技术提高炉衬寿命及金属收得率等

工序流程	经济要求	工序内容
轧钢	棒材厂的成材率（含负偏差率）≥100%；棒材厂的定尺率≥97%；高线厂的成材率≥96%	①棒材轧钢厂工艺流程： 将热送坯或冷坯送入步进式加热炉进行加热，进入架小型全连轧机组的粗轧、中轧、精轧道次进行轧制（包括飞剪切头、尾），后经倍尺飞剪切成倍尺上冷床进行冷却，经定尺剪切后，定尺材经支数计数后自动打捆称重标牌后入库；非定尺材经手动打包称重标牌入库。轧制中产生的切头、尾及中间冷条废钢经处理后回收至炼钢转炉使用，产生的氧化铁皮回收至烧结工序中配加循环使用。 ②高速线材轧钢厂工艺流程： 将连铸坯送入步进式加热炉进行加热，进入高架式机组的粗轧、中轧、预精轧、精轧道次进行轧制（包括飞剪切头、尾），中间穿水冷却，经吐丝机形成线圈，经风冷辊道运输机冷却和集卷，P&F线输送冷却，压紧自动打包，称重、标牌后入库。轧制中产生的切头、尾及中间冷条废钢经处理后回收至炼钢转炉使用，产生的氧化铁皮回收至烧结工序中配加循环使用

（2）石化工艺流程

石化工艺流程主要包含石油炼制、化学生产两大部分，详见表9-7。化学生产过程的原料处理与化学反应两个阶段需要重点关注。

表9-7 石化工艺流程

一级工序	二级工序	工序内容
石油炼制	原油预处理	从油田送往炼油厂的原油往往含盐（主要是氯化物）、带水（溶于油或呈乳化状态），可导致设备的腐蚀，在设备内壁结垢和影响成品油的组成，需在加工前脱除，即脱盐脱水
石油炼制	常减压蒸馏	常减压蒸馏是常压蒸馏和减压蒸馏在习惯上的合称，常减压蒸馏基本属物理过程。原料油在蒸馏塔里按蒸发能力分成沸点范围不同的油品（称为馏分）。常减压装置产品主要作为下游生产装置的原料，包括石脑油、煤油、柴油、蜡油、渣油以及轻质馏分油等
石油炼制	催化裂化	催化裂化工艺由三部分组成：原料油催化裂化、催化剂再生、产物分离。催化裂化过程的主要化学反应有裂化反应、异构化反应、氢转移反应、芳构化反应。催化裂化所得的产物经分馏后可得到液化气、汽油、柴油和重质馏分油

一级工序	二级工序	工序内容
石油炼制	催化重整	催化重整（简称重整）是在催化剂和氢气存在下，将常压蒸馏所得的轻汽油转化成含芳烃较高的重整汽油的过程。催化重整在炼油中的作用主要有三方面的功能：一是能把辛烷值很低的直馏汽油变成 80 号至 90 号的高辛烷值汽油；二是能生产大量苯、甲苯和二甲苯，这些都是生产合成塑料、合成纤维和合成橡胶的基本原料；三是可副产大量廉价氢气，副产品氢气可以作为加氢反应的来源
	延迟焦化	延迟焦化是在较长反应时间下，使原料深度裂化，以生产固体石油焦炭为主要目的，同时获得气体和液体产物。改变原料和操作条件可以调整汽油、柴油、裂化原料油、焦炭的比例
	加氢裂化	加氢裂化是在高压、氢气存在下进行，需要催化剂，把重质原料转化成汽油、煤油、柴油和润滑油。它的产品主要是优质轻质油品，特别是生产优质航空煤油和低凝点柴油
	产品精制	为满足商品要求，除需进行调和、添加添加剂外，往往还需要进一步精制，除去杂质，改善性能以满足实际要求。常见的杂质有含硫、氮、氧的化合物，以及混在油中的蜡和胶质等成分。它们可使油品有臭味，色泽深，腐蚀机械设备，不易保存。除去杂质常用的方法有酸碱精制、脱臭、加氢、溶剂精制、白土精制、脱蜡等。经过了精制阶段，该系列化工产品就可以直接进行销售了
化学生产	原料处理	为了使原料符合进行化学反应所要求的状态和规格，根据具体情况，不同的原料需要经过净化、提浓、混合、乳化或粉碎（对固体原料）等多种不同的预处理
	化学反应	这是生产的关键步骤。经过预处理的原料，在一定的温度、压力等条件下进行反应，以达到所要求的反应转化率和收率。反应类型是多样的，可以是氧化、还原、复分解、磺化、异构化、聚合、焙烧等。通过化学反应，获得目的产物或其混合物
	产品精制	将由化学反应得到的混合物进行分离，除去副产物或杂质，以获得符合组成规格的产品。以上每一步都需在特定的设备中，在一定的操作条件下完成所要求的化学的和物理的转变

（3）铅蓄电池工艺流程

铅蓄电池工艺流程主要包括铅粉制造、板栅铸造、极板制造、极板化成、装配电池 5 种工艺，详见表 9-8。

表 9-8　铅蓄电池生产工艺流程

工序流程	主要控制参数	工序内容
铅粉制造	氧化度、视密度、吸水量、颗粒度	将电解铅用专用设备铅粉机通过氧化筛选制成符合要求的铅粉。在我国多用岛津法生产铅粉，而在欧美多用巴顿法生产铅粉。岛津法生产铅粉过程简述如下： 第一步：将化验合格的电解铅经过铸造或其他方法加工成一定尺寸的铅球或铅段； 第二步：将铅球或段放入铅粉机内，铅球或铅段经过氧化生成氧化铅； 第三步：将铅粉放入指定的容器或储粉仓，经过 2～3 天时效，化验合格后即可使用
板栅铸造	板栅质量、板栅厚度、板栅完整程度、板栅几何尺寸	板栅铸造是将铅锑合金、铅钙合金或其他合金铅通常用重力铸造的方式铸造成符合要求的不同类型各种板栅。 板栅是活性物质的载体，也是导电的集流体。普通开口蓄电池板栅一般用铅锑合金铸造，免维护蓄电池板栅一般用低锑合金或铅钙合金铸造，而密封阀控铅酸蓄电池板栅一般用铅钙合金铸造。 第一步：根据电池类型确定合金铅型号放入铅炉内加热熔化，达到工艺要求后将铅液铸入金属模具内，冷却后出模经过修整码放。 第二步：修整后的板栅经过一定的时效后即可转入下道工序
极板制造	铅膏配方、视密度、含酸量、投膏量、厚度、游离铅含量、水分含量	极板制造是用铅粉和稀硫酸及添加剂混合后涂抹于板栅表面再进行干燥固化即是生极板。 极板是蓄电池的核心部分，其质量直接影响着蓄电池各种性能指标。涂膏式极板生产过程简述如下： 第一步：将化验合格的铅粉、稀硫酸、添加剂用专用设备和制成铅膏； 第二步：将铅膏用涂片机或手工填涂到板栅上； 第三步：将填涂后的极板进行固化、干燥，即得到生极板

工序流程	主要控制参数	工序内容
极板化成	灌酸量、酸液密度、酸液温度、充电量和充电时间	极板化成主要指正极板、负极板在直流电的作用下与稀硫酸的通过氧化还原反应生产氧化铅，再通过清洗、干燥即可用于电池装配所用正负极板。 极板化成和蓄电池化成是蓄电池制造的两种不同方法，可根据具体情况选择。极板化成一般相对较容易控制成本较高且环境污染需专门治理。蓄电池化成质量控制难度较大，一般对所生产的生极板质量要求较高，但成本相对低一些。阀控密封式铅酸蓄电池化成简述如下： 第一步：将化验合格的生极板按工艺要求装入电池槽密封； 第二步：将一定浓度的稀硫酸按规定数量灌入电池； 第三步：经放置后按规格大小通直流电，一般化成后需进行放电检查配组后入库
装配电池	汇流排焊接质量和材料，密封性能，正、负极性等	装备电池是将不同型号不同片数极板根据不同的需要组装成各种不同类型的蓄电池。 蓄电池装配对汽车蓄电池和阀控密封式铅酸蓄电池有较大的区别，阀控密封式铅酸蓄电池要求紧装配，一般用 AGM 隔板。而汽车蓄电池一般用 PE、PVC 或橡胶隔板。装配过程简述如下： 第一步：将化验合格的极板按工艺要求装入焊接工具内； 第二步：铸焊或手工焊接的极群组放入清洁的电池槽； 第三步：汽车蓄电池需经过穿壁焊和热封后即可。而阀控密封式铅酸蓄电池若采用 ABS 电池槽，需用专用黏合剂粘接

（4）再生铅工艺流程

再生铅的生产原料包括铅蓄电池、各种废旧铅板、铅皮、铅管、蛇形管、电缆包皮、印刷铅合金、轴承铅合金、弹丸合金、焊料以及各种铅屑、下脚料和铅灰、铅渣等。铅蓄电池是再生铅的主要原料。因此，再生铅的生产主要包含原料的冶炼前处理和含铅废料的熔炼两个过程，详见表 9-9。

表 9-9　再生铅工艺流程

工序流程	工序内容
原料的冶炼前处理	再生铅原料的炼前处理可包括分类、解体、分选、防爆检验、取样以及细小物料的烧结。由于废蓄电池是再生铅较主要的原料，所以其炼前处理也很受关注、从废蓄电池回收铅的整体熔炼，因其熔炼温度高，金属回收率低，渣含铅高，而且产生大量的含铅、二氧化硫和酸雾的烟气，很难处理使其达到排放标准的要求。因此，将废蓄电池解体后冶炼得到了广泛的应用。废铅酸蓄电池主要由金属（铅锑合金和活性铅粉）、化合物（硫酸铅、过氧化铅、氧化铅和硫酸）和有机物（橡胶和塑料）3 部分组成。解体便是将这 3 部分分开。废蓄电池解体的方法有干法、湿法、干湿联合法 3 种
含铅废料的熔炼	再生铅熔炼可用坩埚炉、鼓风炉、反射炉、短窑、电炉等火法冶金设备，也可用湿法冶金处理。 含铅废料的鼓风炉熔炼：块状的蓄电池废件和其他的块状含铅废料可以直接送往鼓风炉熔炼，细料和粉料则需先经烧结为烧结块或制成团矿后才能进入鼓风炉。烧结料由含铅物料、鼓风炉水淬渣、黄铁矿烧渣（或铁矿）、返粉和焦粉组成。 含铅废料的反射炉熔炼：含铅废料反射炉熔炼操作简单，适应性强。既可处理粉料，又可处理块料；既可不加还原剂产出纯度较高的粗铅，又可加入还原剂产出硬铅（铅锑合金）

9.7　其他信息查询

（1）专家库

专家库是针对污染行业建立的行业专家信息库，信息库内的专家为执法相关人员提供行业咨询服务。执法人员可以通过此项功能实现与行业专家的直接联系，为环保执法提供辅助功能。

（2）危险化学品

危化品数据库的建立主要为使用者提供危险化学品的产品详情，详细内容包括危化物品的物理特性、对环境的影响、实验室和现场的监测方法、环境标准以及应急处理处置方法五方面详细信息。

（3）应急物资

应急物资的设计主要是为执法工作的物资来源信息进行及时记录，主要记录物资名称、单位名称、现有数量、量纲四方面的物资信息，管理人员可以通过"添加""删除""修改"功能更新列表信息，保证物资的数据信息即时更新。

（4）应急预案

应急预案主要为环保移动执法的现场工作人员提供应急事件方案的选择和调取服务。系统拟根据不同固定污染源企业、产品的工艺流程、执法场地等模块导入环保执法紧急事件预处理方案，系统维护人员可以通过"修改""添加""删除"实现应急预案的更新。方便使用人员可以通过输入关键词进行方案查询与使用。

第10章

系统功能介绍

基于各类生态环境执法工作需求，依据大气污染源现场执法监管系统总体功能设计，构建"固定源大气污染物排放现场执法监管信息系统"。通过综合分析各现场执法监测平台数据，快速得出污染源是否偷排漏排、是否超标排放的结论；通过集成大气污染源排放现场执法监管技术模型库、云处理平台及硬件工具包，为大气污染源现场执法提供技术支持。

"固定源大气污染物排放现场执法监管信息系统"面向各级环境监察人员，提供任务管理、区域监管、执法取证、执法总结与处罚、远程执法指挥、执法助手、系统管理等功能，分别通过 PC 端和 App 客户端进行使用操作。

10.1　PC 端功能

10.1.1　任务管理功能

执法人员可通过移动执法前端应用系统查看各种执法任务，包括领导交办任务、信访任务、例行任务、监测报警任务、专项检查任务、后督查任务、建设项目监察任务等，同时领导也可通过 PDA 终端下发任务，执法人员可查看：任务基本信息、相关企业的详细信息、企业以往检查记录等；执法人员到达企业现场，根据下达任务内容，对企业进行检查并进行取证和取样工作。任务完成后通过前端应用系统将检查清单、取证照片、现场监测数据、现场笔录等提交到后台支撑系统；领导可通过终端进行任务指派与考核等。该系统可进行动态管理：重点源专项任务、危险废物检查任务、自然保护区任务、常规任务、领导任务、信访任务等不同来源的执法任务。具备分权限、角色的任务增加、删除等基本管理功能，主要功能包括任务登记、任务分派、接收任务、审核任务。需要针对各科室业务（重点源、项目监管、生态、综合等）需求定制相应的管理模块。

平台建设开发后台执法功能，通过后台支撑系统设置各种任务引擎，将任务推送到现场执法业务管理软件中进行处理执行。执行完成后上传后台支撑系统进行逐级审核、考评，实行"工作流"管理模式，最终可根据任务数量、考核结果形成各类统计图表，总结执法工作、提高执法质量。

任务管理包括任务创建、待办任务、任务指派和任务查询。任务类型包括重点源专项任务、常规任务、领导交办任务及前端系统生成的任务等任务。系统提供任务自动分类和排序功能，执法人员可看到系统推送的按照执法任务类型、任务重要程度和最后完成时间进行排序的任务列表。审核人员可以对执法人员提交的任务进行审核，审核结果可供领导查阅。

（1）创建任务

执法人员可在执行任务的过程中创建任务，创建任务中主要包括任务名称、行政区划、企业名称、办结期限以及任务说明、任务来源等，同时还有主办科室和执行功能（图 10-1）。通过企业名称用户可以看到企业的基本信息，主要包括建设项目、排污收费、工艺流程、在线监测数据以及信访投诉、检查记录等（图 10-2）。任务来源主要包括例行检查、专项行动、信访投诉、领导交办、业务处室交办、两会提案、总队交办、保障工作、季度检查任务、年度检查任务和其他。通过任务来源和内容等快捷有效地描述任务内容，并对任务进行分配，有效传达任务。

与此同时还可以创建检查任务（图 10-3），检查任务主要包括两种：一种是重点污染源检查任务；另一种是一般污染源检查任务。通过选择不同的污染源对不同的企业进行随机抽查。

图 10-1　任务创建

图 10-2　企业基本信息

图 10-3　检查任务创建

（2）待办任务

通过待办任务可以看到任务下发时间、办结期限、任务名称、任务来源以及任务状态，了解任务的基本情况，同时可对任务采取执行和转发的操作（图 10-4）。通过执行操作可对待办任务进行回复（图 10-5），通过转发操作可对任务进行下一步转发（图 10-6）。

图 10-4　待办任务

图 10-5　待办任务执行操作

图 10-6　待办任务转发操作

（3）任务指派

任务指派可以对已有任务进行指派（图 10-7），在操作中可以看到任务的具体信息（图 10-8），进一步根据任务的情况将任务指派给相关部门进行后续处理。

图 10-7 任务指派

图 10-8 任务指派信息

（4）任务查询

任务查询主要包括任务来源和收发、任务下发时间、办结期限、任务名称、任务状态和发布人，可以对所有任务有直观的了解，通过操作可以看到任务的具体信息（图 10-9），主要有执法操作（图 10-10）和案卷操作（图 10-11），执法操作中主要是现场检查（勘察）记录以及取证信息，案卷操作中主要是审批文档、取证信息以及案卷痕迹。可以对某一家企业或任务有一个全面的了解。

图 10-9　任务查询信息

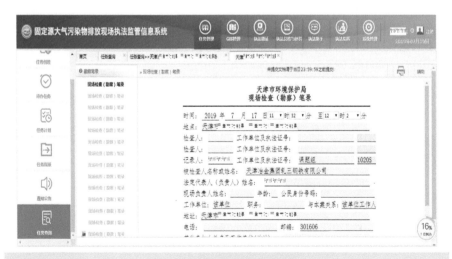

图 10-10　任务查询执法操作

图 10-11　任务查询案卷操作

10.1.2　区域管理功能

平台可集成 GIS 一张图的综合管理系统，将环境监察执法与电子地图结合，将不同区域内空气质量监测数据、执法相关的企业信息及遥感反演数据等在地图上进行直观展示，可将环保监察管理相关的各类环保业务信息得以更友好、更便捷的方式供用户使用。制作环境监察移动执法专题地图，建设后台 GIS 管理模块，提供整合电子地图的直观显示和 GIS 空间分析能力，支持系统地图查询功能的应用。

（1）GIS 基本操作

对地图进行放大、缩小、漫游、平移、还原、前后图、选择、定位等基本操作，能够按点、线、面对周边环境或者敏感点进行缓冲查询和分析。

（2）企业查询

提供基于地图的企业查询功能，根据企业经纬度信息在地图上标点（图 10-12）。默认随机显示 3 000 家企业，并根据企业位置进行聚类，当地图比例变小时将显示具体企业信息，同时可按区域进行查询。企业查询功能中的数据主要包括：

①企业基本信息（图 10-13）；

②排污许可信息（图 10-14）；

③环保检查历史信息；

④各项仪器监测数据。

本项目以天津为示范地，目前系统中共录入 2 万余家天津市各类企业信息。

图 10-12　企业查询

图 10-13　企业基本信息

图 10-14 排污许可证信息

（3）空气质量监测数据

系统可集成全国空气质量监测站点的数据（图 10-15），执法过程中可参考当地的实时空气质量情况，同时对于高值区域能够反映出周围存在重点污染源。通过多种方式获得空气质量数据，以国控站点数据为例，数据每隔 1 h 发布一次，系统可以实现每 20 min 自动更新（图 10-16）。

图 10-15 全国空气质量监测数据

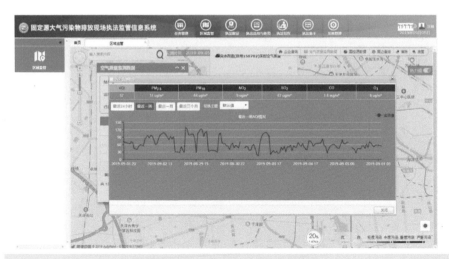

图 10-16 空气质量站点历史数据

（4）国控源数据

提供国控源各类监测信息的查询功能（图 10-17），数据来源为"污染源监测数据管理与信息共享平台"，可查询的国控污染源信息包括：

①企业信息；

②监测方案；

③自动监测数据；

④手工监测数据；

⑤未开展监测情况；

⑥年度报告；

⑦环保行政许可；

⑧环境应急预案。

自动监测和手工监测是根据监测方案对该企业排放的所有污染物质进行监测和公开，未开展监测情况则是在相关污染物质监测缺失的情况下进行说明。年度报告则是对上一年的监测情况进行整理汇总。

系统可通过"污染源监测数据管理与信息共享平台"与执法城市污染源进行匹配，点击企业时将直接跳转到执法城市对应企业的在线数据（图10-18）。

图 10-17　国控源企业数据

图 10-18　国控源监测数据信息查询页面

（5）周边查询

系统提供丰富的地图查询功能，支持列表选取、直接点取、任意区域空间查询、图形和数据的双向查询、模糊查询、定位查询方式（图 10-19）。包括要素查询、位置查询、属性查询、各种条件查询等。

图 10-19　周边查询功能

（6）热点网格

可反演 MODIS 城市区域的 $PM_{2.5}$ 热点网格，对于污染重的区域，可加大执法力度（图 10-20）。设置开关功能用于热点网格是否显示。

图 10-20　热点网格

10.1.3　基于物联网的执法取证功能

执法取证功能模块主要分为四个部分：区域监管取证、暗查执法取证、现场执法取证和询问式执法取证。执法任务结束后，执法人员需要在系统"执法取证模块"分别添加相应执法任务，执法任务中不同执法环节的监察手段具有不同的执法时间、时长、地点、总结等，上传相应执法监察数据是现场执法记录非常重要的一部分。执法任务完成后，将处理结果实时上传并保存，可对该结果进行实时查询。数据上传后执法人员可根据实际情况更改相应任务的执法数据。执法取证模块数据提交后可进一步在执法总结与处罚模块中对现场执法的结果进行分别展示。

区域监管取证部分包含无人机可见光拍摄仪数据、无人机红外热像仪数据、无人机紫外高光谱仪数据、无人机气体检测仪数据、无人机湿度检测仪数据、车载激光雷达扫描仪数据 6 类设备检测数据的添加以及查看功能，根据不同执法任务的不同需求，在现场执法的过程中选取相应的检测，获取相应污染物的检测值，并在系统中添加任务时间、时长、地点等，上传相应数据作为执法取证附件，并撰写执法总结（图 10-21～图 10-23）。

图 10-21　区域监管取证

图 10-22　区域监管取证添加数据

图 10-23　区域监管取证查询数据

　　暗查执法取证部分根据执法环节不同分为设备排气筒遥测与厂界监测两部分，其中设备排气筒遥测部分包含无人机可见光拍摄仪数据、无人机红外热像仪数据、无人机紫外高光谱仪数据、无人机气体检测仪数据、无人机湿度检测仪数据、车载 DOAS 遥测系统数据，在系统中均可对这些数据进行添加和查看，厂界监测部分包含车载空气质量 6 参数仪数据、便携式无组织颗粒物检测仪数据、车载 DOAS 遥测系统数据、便携式 VOCs 检测仪数据，在系统中均可对这些数据进行添加和查看，根据不同执法任务的不同需求，在执法过程中根据实际情况选择相应的设备进行检测，同时可在系统中添加该任务的时间、时长和地点，上传相应数据作为执法取证附件，并撰写执法总结（图 10-24～图 10-27）。

图 10-24　暗查执法设备排气筒遥测

图 10-25　暗查执法厂界监测

图 10-26　暗查执法查询数据

图 10-27　暗查执法添加数据

现场执法取证部分包含排气筒监测、厂界监测、工艺节点监测、手工采样监测，其中排气筒监测部分包含便携式有组织颗粒物检测仪数据、便携式烟气分析仪数据、便携式烟气汞检测仪数据、便携式烟气铅检测仪数据、便携式非甲烷总烃检测仪数据，在系统中均可对这些数据进行添加和查看；厂界监测部分包含低浓度多组分紫外分析仪数据、车载空气质量 6 参数仪数据、便携式无组织颗粒物检测仪数据、便携式 VOCs 检测仪数据，在系统中均可对这些数据进行添加和查看；工艺节点监测包含对工艺节点进行监测的便携式无组织颗粒物检测仪数据、低浓度多组分紫外分析仪数据，在系统中均可对这些数据进行添加和查看。根据不同执法任务的不同需求，选择相应的检测设备在执法过程中对污染物进行检测，同时选择是否需要与手工监测进行对比，上传相应数据作为执法取证附件；手工采样监测部分根据不同监测点位、不同检测仪器、监测点位的排放类型，填写监测结果，上传相关手工监测数据（图 10-28～图 10-32）。

图 10-28　现场执法排气筒监测数据

图 10-29　现场执法厂界监测数据

图 10-30　现场执法工艺节点监测数据

图 10-31　手工采样监测数据

图 10-32　现场执法添加数据

询问式执法部分显示不同企业的不同任务内容，每项任务均具有查看企业信息、定位、现场执法和清单执法的功能。定位功能的作用是确定企业所在位置，现场执法功能主要包括勘查笔录和取证信息，勘查笔录中包括现场检查（勘察）笔录、调查询问笔录、环境行政执法后督查现场检查、调查询问笔录和行政处罚等；清单执法功能是以清单的方式进行执法，选择任务企业，根据执法企业行业的不同选择不同清单（包含钢铁企业规范性清单、石化企业规范性清单、再生铅企业规范性清单、铅蓄电池企业规范性清单、其他企业规范性清单），按照清单内容对企业进行现场规范性检查，最终形成清单式执法的结果（图 10-33～图 10-41）。在执法过程中形成的表单均可实时保存、修改和打印。

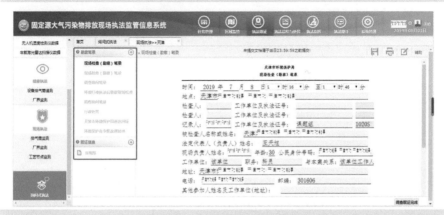

图 10-33　询问式执法

图 10-34　询问式执法现场执法

图 10-35　询问式执法清单执法步骤 1-执法清单项选择

图 10-36　询问式执法清单执法步骤 2-清单执法检查

图 10-37　询问式执法清单执法步骤 3-现场情况确认

图 10-38 询问式执法清单执法步骤 4-执法人员确认

图 10-39 询问式执法清单执法步骤 5-笔录打印

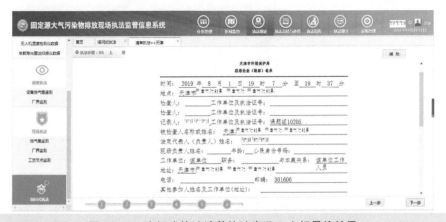

图 10-40 询问式执法清单执法步骤 6-上报最终结果

图 10-41　询问式执法清单执法步骤 7-调查取证完成

10.1.4　执法总结与处罚

　　"执法总结与处罚"功能模块提供现场执法采集数据的全面查询与展示功能,并通过违法识别与处罚判定功能形成执法结论,同时,提供便携式监测设备历次监测结果。执法采集数据展示包括执法清单、现场执法监测结果、手工监测结果、DOAS 走航结果、无人机遥测结果、激光雷达扫描结果等以及对各类数据的违法识别与判定结果(图 10-42)。

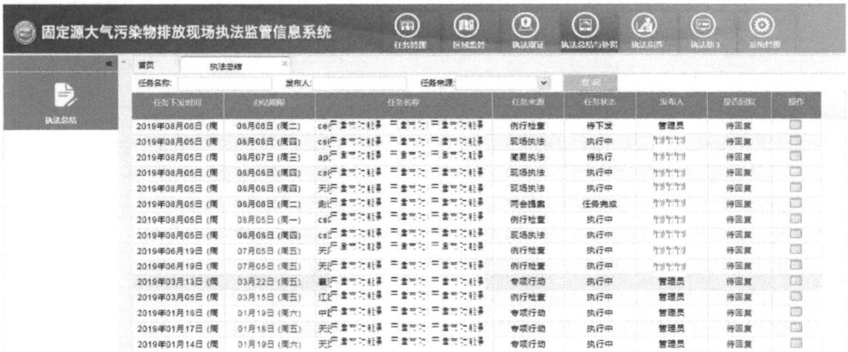

图 10-42　执法总结与处罚

执法简介根据执法清单、现场执法监测结果、手工监测结果、DOAS 走航结果、无人机遥测结果、激光雷达扫描结果等自动生成该任务的简介（图 10-43），重点介绍是否存在违法行为，以及对应的法律法规和处罚条例。

图 10-43　执法简介

执法清单显示企业问询式执法（清单式执法）结果，是执法总结中非常重要的一部分，同时会根据执法结果识别违法行为，根据违法行为的不同备注显示与之对应的法律法规和处罚条例（图 10-44）。

图 10-44　执法清单

现场执法监测结果显示各类便携式监测设备现场监测结果：行业类型、排放类型（有组织或无组织）、执法环节、监测点位、设备名称、污染物名称、监测结果、是否手工对比、手工对比监测结果、排放限值、执行标准、是否超标、违法结论及处罚结果（图10-45）。

图 10-45　现场执法监测结果

手工监测结果显示第三方对比监测结果：排放类型（有组织或无组织）、监测点位、污染物名称、监测结果（图10-46）。

图 10-46　手工监测结果

DOAS 走航结果显示车载被动 DOAS 走航观测数据、反演结果和综合分析结论（图 10-47）。

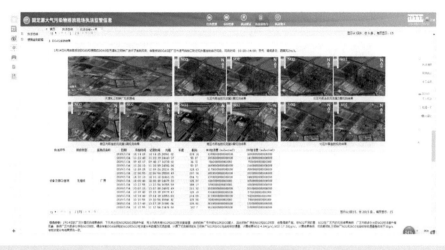

图 10-47　DOAS 走航结果

无人机遥测结果显示无人机遥测数据及结论，包括无人机可见光遥感影像（排气筒烟气拖尾和批建一致性判定）、无人机搭载紫外传感器反演数据、无人机搭载红外传感器监测数据、无人机搭载气体检测仪监测数据及对应的各类结论（图 10-48）。

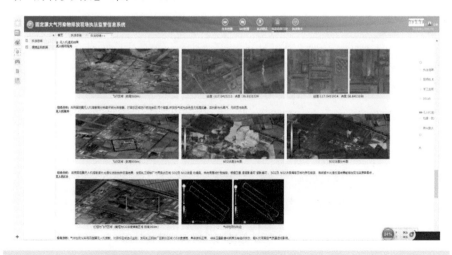

图 10-48　无人机遥测结果

激光雷达扫描结果显示车载激光雷达扫描结果，包括扫描路线、扫描结果、区域疑似污染源分布结论等（图10-49）。

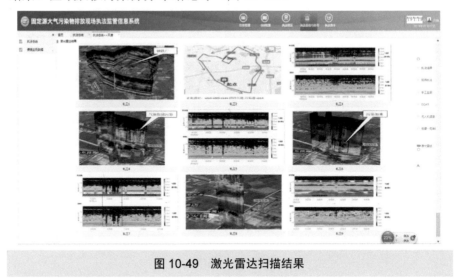

图 10-49　激光雷达扫描结果

执法总结与处罚功能，模块中右侧菜单列可进行快捷操作，更加方便地查看相应的数据（图10-50）。

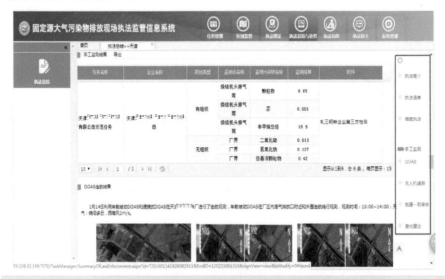

图 10-50　执法总结与处罚模块快捷拉条

10.1.5　执法助手功能

执法助手模块包含一源一档、监察模板、违法行为与处罚查询、法律法规查询、工艺流程查询和其他信息查询等功能。执法助手可提供企业数据综合查询，包括污染源基本信息、排污信息、治理设施信息、在线监控数据、企业检查记录、建设项目审批数据、环境信访信息数据等环境数据。同时也可通过本地或在线查询的方式获取包括法律法规、重点行业作业指导书、化学品特性与处理处置方法、污染物排放标准、执法程序与行为规范在内的各项执法数据。

执法人员在现场发现污染源信息有误时，如企业经纬度信息、排污口信息、污染治理设施、主要产品等，可通过执法终端提交修改信息，由环境监察管理人员审核后进行修改。

（1）一源一档

系统中可通过一源一档的方式查询企业信息和污染源（图 10-51），主要包括企业基本信息、排污信息、治理设施信息、在线监控数据、企业检查记录、建设项目审批信息等，以便全面掌握企业的环保情况，及时发现违法违规问题。工作人员也可在执法过程中随时核查并修正企业数据信息（图 10-52）。同时也可以在一源一档中添加新的污染源企业信息（图 10-53）。查询方式主要有行政区划查询、污染源类别查询、管理属性查询和其他查询等。

图 10-51　一源一档功能界面

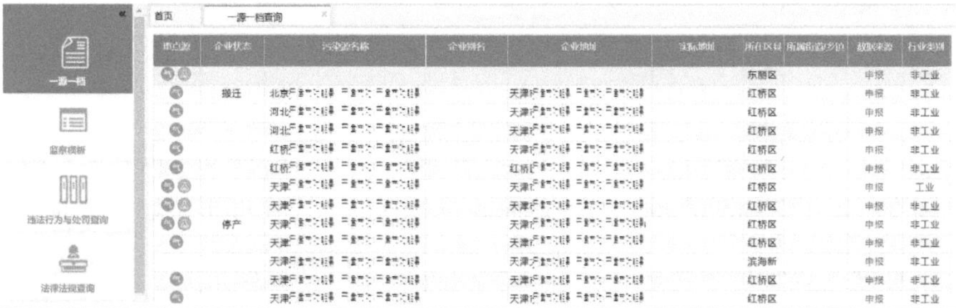

图 10-52 一源一档查询结果（节选）

图 10-53 一源一档数据添加界面（节选）

（2）监察模板

系统提供其他企业规范性清单、铅蓄电池企业规范性清单、再生铅企业规范性清单、石化企业规范性清单和钢铁企业规范性清单的监察模板（图 10-54），模板可根据实际情况进行清单内容的修改和添加，便于执法人员随时查看和使用（图 10-55）。执法人员按照执法模板完成执法后可随时打印，形成执法记录。

图 10-54 监察模板

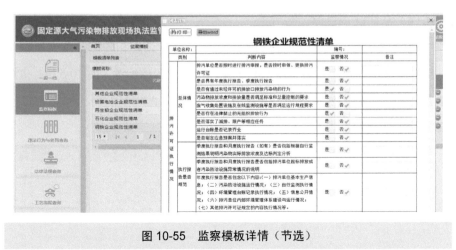

图 10-55　监察模板详情（节选）

（3）违法行为与处罚查询

系统提供相关法律法规、应急预案，可查询文件名称、关键字，为执法人员提供违法条款的法规依据，执法人员可以根据执法情况以及相关法律法规和标准，确定在执法过程中是否存在违法行为，识别违法行为后搜索法律条款及处理处罚方式，为执法人员提供违法条款的法规依据及裁量的范围，可作为执法人员判断是否处罚以及处罚种类和幅度金额的依据，违法条款可根据实际需求进行添加（图 10-56）。

图 10-56　违法行为与处罚查询界面（节选）

（4）法律法规查询

系统根据现场执法遇到的相关问题情况，可查询相关法律条文所规定的法律责任，为执法人员初步判断企业违法状态提供参考（图10-57）。执法人员可根据实际需求对已有法律法规进行添加。

图 10-57　法律法规查询界面（节选）

（5）工艺流程查询

工艺流程查询有助于执法人员深度了解目标企业的生产工艺流程、环境污染处理设施的运行情况，帮助环保移动执法人员监察企业生产的特殊环节，监测企业的环保状况（图10-58）。系统可以根据不同行业类型的企业情况添加相应的工艺流程（图10-59）。

图 10-58　工艺流程查询界面（节选）

图 10-59　添加工艺流程界面

（6）其他信息查询

①专家库

系统提供相关行业专家信息及联系方式，在执法存在问题时，可及时通过系统的联系方式及时咨询，帮助执法人员精准高效执法（图 10-60）。

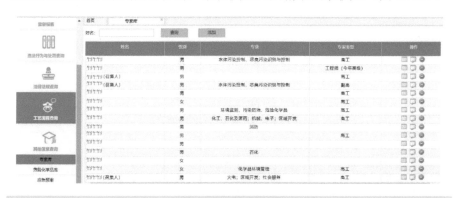

图 10-60　专家库（节选）

②危险化学品库

系统提供 1 342 项危化品，化学品的信息内容包括名称、别名、危化物特征、物质稳定性、物质熔点温度，执法人员可根据需要进行查询，为执法人员现场执法提供参考（图 10-61）。

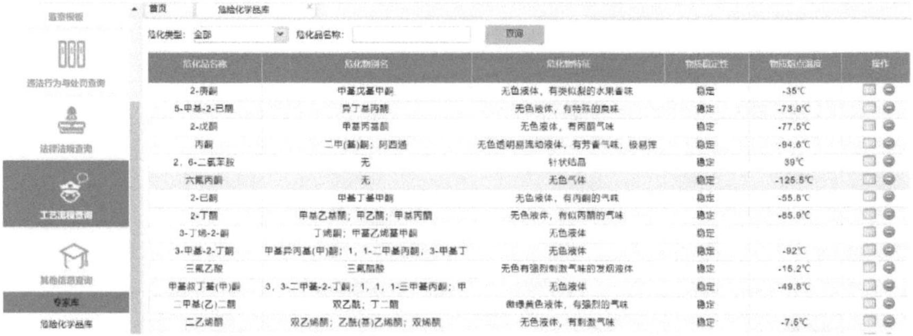

图 10-61　危险化学品库（节选）

③应急预案

系统提供收集到的应急预案信息，方便执法人员在进行企业规范性检查时或选择执法企业前进行查看（图 10-62）。应急预案可以通过上传的方式上传至系统，也可以通过查看的方式下载（图 10-63）。

图 10-62　应急预案界面

图 10-63　应急预案上传

④应急物资

系统提供收集到的应急物资信息查询功能，可查看的信息包括物资名称、现有数量、所需数量、设备量纲等，帮助执法人员在进行企业规范性检查时或选择执法企业前进行查看（图 10-64）。应急物资可以通过添加的方式上传至系统平台，也可以通过查看的方式进行下载（图 10-65）。

图 10-64　应急物资

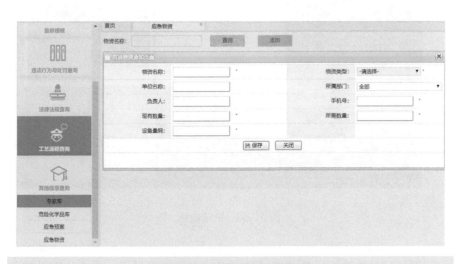

图 10-65　应急物资添加界面

10.1.6　执法指挥

执法指挥作为"固定源大气污染物排放现场执法监管信息系统"的重

要部分,是该系统的"眼睛",可以在线看到监察任务的实际情况(图10-66)。执法指挥主要由五部分组成,分别是区域管理、现场视频连线、现场监测结果、清单式执法结果和辅助监测结果。区域管理通过 GIS 的相关功能了解企业的基本信息以及历史监察记录等,可以对企业有一个全面的了解。现场连线通过实时画面的传送了解监察任务的实际情况,同时也可以了解监察对象的实际情况,根据实际情况做出相应的判断,并制订下一步监察计划或者处罚决定。清单式执法结果是现场执法人员根据执法情况将清单结果进行上传,以便了解企业目前的基本现状。现场监测结果以及辅助监测结果通过便携式的设备以及无人机、DOAS 和激光雷达等工具对监察对象的污染物排放情况进行数据监测,科学有效地掌握监察对象的污染物排放现状。

图 10-66　执法指挥

现场视频连线功能和地图功能都能够实现大屏显示,其中地图功能具备区域管理的全部功能,即 GIS 基本操作、地图基本信息查询、企业查询、空气质量监测数据、国控源数据、周边查询、热点网格查询等(图10-67)。

图 10-67 执法指挥地图功能

10.1.7 系统管理

系统管理模板可以实现对系统进行数据维护及用户权限的管理，主要包括部门管理、角色管理、用户管理、权限管理、日志管理、任务来源管理和菜单管理。

（1）部门管理

动态管理系统中的部门，可对部门进行添加、编辑、删除等操作（图 10-68）。

图 10-68 系统管理-部门管理

（2）角色管理

系统严格按照不同权限建立不同的角色，不同的角色具有不同权限，不同的用户利用不同角色可对系统进行相应的操作（图10-69）。

图 10-69　系统管理-角色管理

（3）用户管理

可无限增加访问系统的用户，在创建用户时需要明确所属部门及对应的权限角色（图 10-70）。

图 10-70　系统管理-用户管理

（4）权限管理

通过用户权限管理功能，系统可以控制进入系统的用户（图 10-71）。系统管理部门可以通过分配不同等级的系统使用权限,实现分级管理,同时可以动态配置用户的操作权限,防止非法或越权使用本系统。客户端用户管理,以权限组为基本单位,每个权限组可包含多个用户,为权限的控制提供极大的便利。

图 10-71　系统管理-权限管理

（5）日志管理

记录移动执法系统的使用情况,以备系统出现问题时进行查阅,找出问题的症结,利于系统维护（图 10-72）。

图 10-72　系统管理-日志管理

（6）任务来源管理

管理员可以有效地对任务创建时的任务来源进行管理,可进行添加、删除等操作（图 10-73）。

图 10-73　系统管理-任务来源管理

（7）菜单管理

菜单管理主要是对系统菜单进行维护，添加菜单、修改菜单名称及配置页面中数据的操作按钮（图 10-74）。

图 10-74　系统管理-菜单管理

10.2　App 端功能

10.2.1　任务管理功能

App 移动端任务管理主要包括任务待办、任务经办和任务办结（图 10-75）。

图 10-75　任务管理待办、经办和办结

（1）任务待办

任务待办中主要包括任务执行和任务转办，任务执行中主要包括任务信息、任务执行、关联企业、附近信息和执行情况（图 10-76）；任务转办与任务执行不同的是由任务执行转变为任务流转，同时还包括意见输入框、办理人选择框、附件添加等（图 10-77）。

图 10-76　待办任务执行操作

图 10-77　待办任务转办操作

（2）任务经办

任务经办中主要包括任务信息、关联企业、附件信息和执行情况（图10-78）。

图 10-78　经办任务信息

（3）任务办结

任务办结中主要是对已完成执法的任务的整合，在任务办结中可对历史任务进行查询，为之后的执法任务提供经验（图10-79）。

图 10-79 办结任务信息

10.2.2 区域管理功能

App 客户端利用 GIS 一张图的综合管理系统,可直观展示执法相关的企业的信息。依据系统平台的环境监察移动执法专题地图,以及后台 GIS 管理模块的建设, 提供相应的地图查询功能,同时还包括一源一档的企业基本信息。

区域管理主要包括 GIS 地图查询、企业查询以及一源一档,在执法过程中可了解企业的基本信息,同时对周边存在的排放污染的企业进行查询,确定污染源分布 (图 10-80)。

图 10-80 App 端区域管理功能

10.2.3 执法取证功能

执法取证功能模块主要包括摄录取证和执法清单取证（图 10-81）。

图 10-81　App 端执法取证功能

（1）摄录取证

摄录取证功能主要通过拍照、摄像、录音和附件的形式实现。根据执法内容自动生成环境监察现场记录、现场检查（勘察）笔录、调查询问笔录、现场照片说明和采样取证登记单，各种表单和记录均可选择打印，实现实时打印的功能（图 10-82）。

环境监察现场记录包括开始时间、结束时间、检查人、天气、编号等。

图 10-82　环境监察现场记录表和打印表

现场检查（勘察）笔录包括检查人、记录人、记录人单位、地址、被检查人、现场负责人、职务、电话、现场检查情况、告知事项确认等（图10-83）。

调查询问笔录主要包括新增笔录项和笔录详情页。笔录详情页主要包括开始时间、结束时间、询问人、记录人、被询问人、告知事项确认、问答模板等（图10-84）。

图 10-83　现场检查（勘察）笔录表　　　　图 10-84　调查询问笔录表

现场照片说明主要包括照片上传、证明对象、拍摄时间和地点、拍摄人、见证人、执法人员、证物袋描述等，同时具有新增页和删除页以及打印预览的功能（图10-85）。

采样取证登记单主要包括采样时间和地点，同时具有新增和删除以及打印预览的功能（图10-86）。

图 10-85 现场照片说明

图 10-86 采样取证单

（2）执法清单取证

执法清单取证主要通过询问式执法的方式实现，询问式执法的主要内容为清单式执法（图 10-87）。

App 端执法清单为现场执法的环节之一，根据不同行业的执法要求编制相应的清单，在执法过程中可以根据具体的情况采用相应的清单，执法清单均可实现实时打印的功能，使执法过程更加专业和便捷。

图 10-87 App 端执法清单

其他企业规范性清单主要包括询问、一般性检查和重点核查（图 10-88）。

铅蓄电池行业规范性清单主要包括产业政策、行业准入（规范）条件满足情况、行政许可制度执行情况、污染物总量控制情况、主要污染物和特征污染物达标情况、排污申报登记排污许可证执行情况、环境管理制度及环境风险预案落实情况、环境信息披露情况、废气治理设施情况、排气筒设置以及采样平台设置（图 10-89）。

图 10-88　其他企业规范性清单　　　　　图 10-89　铅蓄电池规范性清单

钢铁行业规范性清单主要包括排污许可证执行情况、排气筒设置、采样平台设置、大气污染防治设施和自动监测情况（图 10-90）。

石化行业规范性清单主要包括排污许可证执行情况、现场技术核查和自动监测情况（图 10-91）。

图 10-90　钢铁行业规范性清单　　　　图 10-91　石化行业规范性清单

再生铅行业规范性清单主要包括产业政策、行业规范条件满足情况、行政许可制度执行情况、污染物总量控制情况、主要污染物和特征污染物达标情况、排污申报登记排污许可证执行情况、环境管理制度及环境风险预案落实情况、环境信息披露情况、废气治理设施情况、排气筒设置以及采样平台设置（图 10-92）。

图 10-92　再生铅行业规范性清单

10.2.4　执法助手功能

App 端执法助手为应用部分，主要包括一厂一档和环保资料，一厂一档中可以对企业进行查询，同时也可以加入新的企业（图 10-93）。

环保资料主要包括监察模板、违法行为与处罚查询、法律法规查询、工艺流程查询和其他信息查询，其他信息查询中包括专家库、危险化学品库、应急预案和应急物资。现场执法的过程中可以查询企业的基本信息，同时也可以根据现场的检查情况查找相应的法律法规，判断其是否存在违法行为。

监察模板主要包括钢铁行业、石化行业、再生铅行业、铅蓄电池行业和通用模板，执法人员可以利用监察模板进行执法，确认是否存在违法行为（图 10-94）。

图 10-93　App 端执法助手　　　　　图 10-94　App 端执法助手-监察模板

违法行为与处罚查询主要包括违法行为和与之对应的处罚办法，执法人员在执法过程中如果发现违法行为，可在该模块根据违法行为查询相应的处罚办法（图 10-95）。

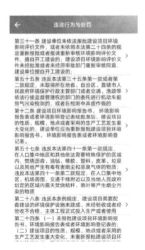

图 10-95　App 端执法助手-违法行为与处罚查询

　　法律法规查询主要包括各项法律规定，执法人员可在现场通过关键字查找相应的法律法规，同时可以下载（图 10-96）。

　　工艺流程查询主要包括钢铁行业、石化行业、铅蓄电池行业和再生铅行业等行业的主要工艺，执法人员在现场可根据工艺流程对相应行业的相关工艺节点进行查询，确认其是否存在违法行为，帮助执法人员更好地了解企业情况（图 10-97）。

图 10-96　App 端执法助手-法律法规查询

图 10-97　App 端执法助手-工艺流程查询

其他信息查询主要包括专家库、危险化学品库、应急预案和应急物资。专家库主要包括有关大气行业的专家，便于执法人员进行有效联系，了解相关专业知识；危险化学品库主要包括各种危险化学品，执法人员在现场执法过程中可以通过查询关键字来查找相关物质的化学性质；应急预案和应急物资作为执法的储备资料预防紧急事件发生（图 10-98）。

专家库   危险化学品库

应急预案   应急物资

图 10-98   App 端执法助手-其他信息查询

第11章

系统应用

11.1　钢铁行业应用案例

11.1.1　软件系统应用示范

2019 年 1 月 14 日，"固定源大气污染物排放现场执法监管信息系统"在天津市某钢铁企业进行示范（图 11-1）。执法系统对企业进行现场清单式执法并当场采集无人机遥测、车载遥测、便携式监测设备的现场监测数据，执法系统进行数据处理与分析，显示执法结果为：烧结机头非甲烷总烃排放浓度便携式测试数据超标排放，其他监测结果均未超标，污染物排放节点与 DOAS 走航及激光雷达扫描结果相符，无人机批建一致性遥测共发现固定大气排放口 71 个，其中未申报 34 个，与排污许可申报不符 1 个。

图 11-1　天津市某钢铁企业示范执法简介（节选）

（1）现场监测结果

在天津市某钢铁有限公司进行了现场执法监测示范，其中在烧结机偷排气筒和厂界 2 个监测点进行了手工监测。非甲烷总烃的手工监测结果（图 11-2）与设备监测结果（图 11-3）相差较大，前者监测数值为 18.9，后者为 7.617，两项监测结果均显示非甲烷总烃的排放量超出排放标准限值。

颗粒物、汞、二氧化硫、氮氧化物、总浮悬颗粒物 5 项监测结果与设备监测结果基本相符，检测结果分别为 6.65、0.001、0.013、0.127、0.42，5 项监测结果均在排放标准限值内。

图 11-2　天津某钢铁有限公司示范手工监测结果（节选）

图 11-3　天津某钢铁有限公司示范现场监测结果（节选）

（2）清单式执法结果

在天津市某钢铁有限公司进行清单式执法示范（图 11-4），系统结果显示无异常。

图 11-4 天津某钢铁有限公司示范清单式执法（节选）

（3）DOAS 走航结果

在天津某钢铁厂利用车载被动 DOAS 和便携式 DOAS 进行了走航观测（图 11-5 和图 11-6），厂区外围观测结果表明，下风向出现 NO_2 和 SO_2 同步升高，而上风向未有 NO_2 和 SO_2 柱浓度高值，说明钢铁厂无外部 NO_2 和 SO_2 输入，因此钢铁厂存在 NO_2 和 SO_2 排放，但是强度不高。与 NO_2 不同的是，SO_2 在厂区内的观测结果表明，厂区内部多处出现 SO_2 柱浓度升高现象，表明

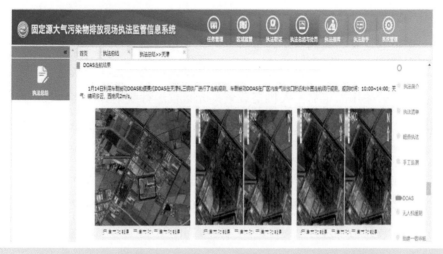

图 11-5 天津某钢铁有限公司示范 DOAS 走航结果（节选）

厂区内部多处存在 SO₂ 排放。耦合车载 DOAS 获取的 NO₂ 和 SO₂ 柱浓度分布数据及风场数据，计算了观测期间的钢铁厂 NO₂ 和 SO₂ 污染物排放通量，NO₂ 的计算结果为 4.84 g/s，SO₂ 计算结果为 17.18 g/s。计算结果表明，观测期间钢铁厂 NO₂ 和 SO₂ 污染物排放通量整体低于 30 g/s，与柱浓度分布结果预测一致。

图 11-6　天津某钢铁有限公司示范 DOAS 走航数据（节选）

（4）无人机遥测结果

在天津某钢铁厂进行了无人机遥测，系统遥测结果见图 11-7。结果显示，采用固定翼无人机搭载高分辨率可见光传感器对目标区域进行航拍发现两个烟囱，所排放气体为白色且无拖尾现象，故判定其为水蒸气，无明显污染源。采用固定翼无人机搭载紫外光谱仪进行航拍并反演结果，发现钢铁厂内两条状区域 SO₂ 及 NO₂ 浓度均偏高，并向周围呈扩散趋势，根据卫星遥感影像可知，SO₂ 及 NO₂ 浓度偏高区域均存在烟囱，表明紫外光谱反演结果能够发现污染源异常点。气体检测仪采用四旋翼无人机搭载，对目标区域进行监测，发现钢铁厂部分区域 CO 浓度偏高，其余指标正常，结合卫星影像判断其为有组织排放，疑似对周围空气质量产生影响。

图 11-7　天津某钢铁有限公司示范无人机遥测结果（节选）

（5）批建一致审核结果

在天津某钢铁厂进行了批建一致性审核（图 11-8），现场基于小微型固定翼及旋翼无人机设备，在 100～220 m 航高范围内实施 6 架次飞行，累计飞行时间 3 h，获取 10 cm 分辨率企业正射影像图及视频照片资料一套，共发现固定大气排放口 71 个，其中未申报 34 个，与申报不符 1 个。

图 11-8　天津某钢铁有限公司示范批建一致性审核结果（节选）

（6）激光雷达结果

在天津某钢铁厂进行了激光雷达监测（图11-9），结果显示在弱风气象条件下，气溶胶激光雷达对钢铁厂界和重点污染设施边界走航扫描能够发现异常高值区域，根据高值区域和现场风速风向可以倒导出污染物排放来源。根据以上厂界扫描结果反映北部产区炼铁工艺附近发现有异常高值区，南厂区烧结工艺南部发现异常高值区域。对钢铁所在区域开展的气溶胶激光雷达水平扫描结果发现，钢铁厂区北部的另一家相邻企业有两个异常高值区域，与该企业的两个排放口位置相符，钢铁厂区有两个异常高值点与厂区炼钢工艺两个排放口位置相符。

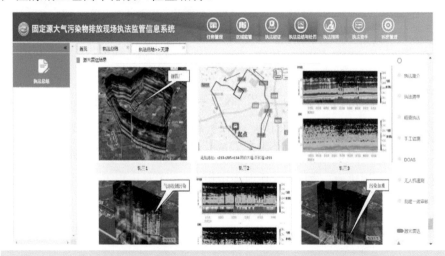

图11-9　天津某钢铁有限公司示范激光雷达结果（节选）

11.1.2　硬件系统应用示范

（1）执法车示范流程

在天津某钢铁厂现场执法示范工作中执法车的操作流程为厂区关键工艺节点走航→厂界走航→厂区水平扫描，在开展厂区关键工艺节点走航的过程中，利用红外夜视仪对企业污染防控措施进行了生产工艺运行情况监测（图11-10）。

图 11-10　执法车钢铁行业示范现场测试

（2）天津某钢铁厂现场执法示范结果的数据处理和分析

天津某钢铁厂厂界激光雷达走航监测分析（2019 年 1 月 15 日 16:40—17:07）

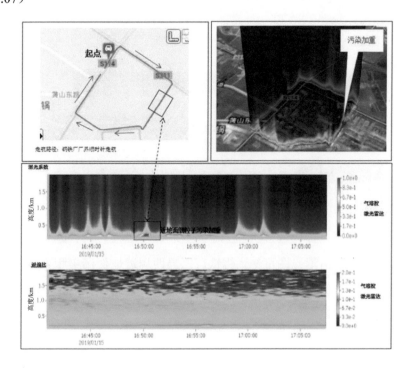

综合分析:

1. 消光图显示走航路径近地面污染持续积累,其中东厂界局部近地面细粒子污染积累加重。

2. 由气象数据资料可知,走航期间风向北风,风力较强,污染扩散条件较好,污染扩散量较大,因此,厂界周边环境污染较轻,空气质量较好。

天津某钢铁厂厂界激光雷达走航监测分析(2019 年 1 月 16 日 08:48—09:17)

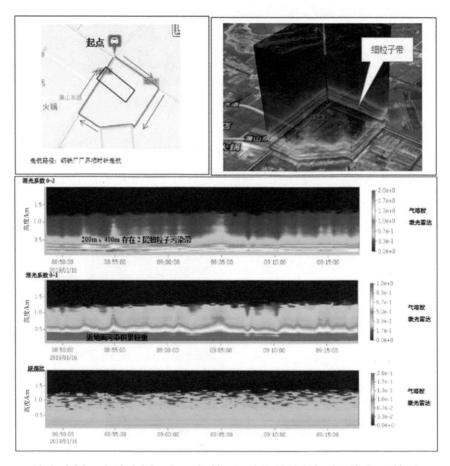

综合分析:由消光图可知,钢铁厂厂界四周近地面污染积累较重,厂界上空 200 m、400 m 存在 2 层细粒子污染带,且北厂界细粒子浓度相对较高。

天津某钢铁厂北区激光雷达走航监测分析（2019 年 1 月 16 日 09:47—10:16）

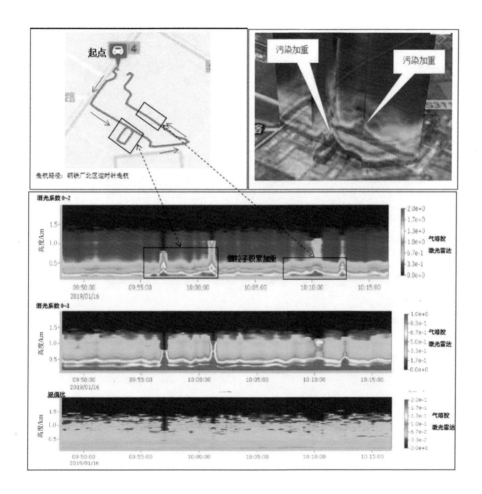

综合分析：

1. 钢铁厂北区走航期间近地面细粒子浓度较高，且上空 400 m 左右存在一条细粒子污染带。

2. 北区北边界和南边界局面污染积累量大增，推测主要是周边污染点源排放引起的细粒子浓度升高。

钢铁厂南区激光雷达走航监测分析（2019 年 1 月 16 日 10:23—10:40）

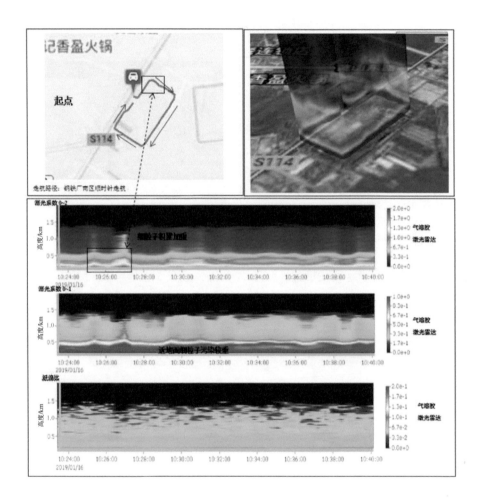

综合分析：

1. 消光显示南区近地面至上空 500 m 大气中细粒子污染均较高，南区污染排放量较大。

2. 相较于周边区域，南区的西北拐角处污染积累量有所增大，这一监测结果与 14 日南区走航时监测结果类似，污染主要为周边污染源排放引起的。

钢铁厂南区激光雷达走航监测分析（2019 年 1 月 16 日 10:40—10:58）

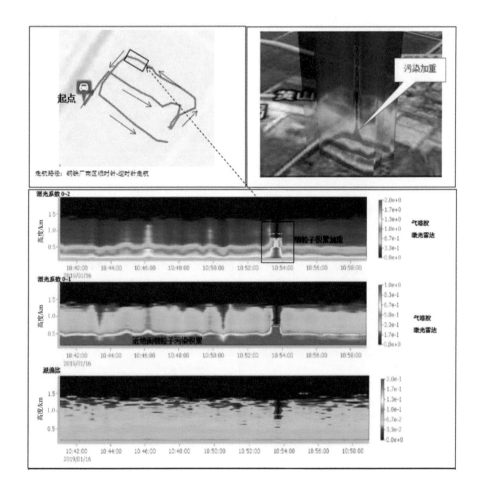

综合分析：

1. 10:52—10:54 时间段南区走航数据与上一时段南区走航数据相似，南区西北拐角处近地面细粒子污染积累量增大，该点位多次被监测到污染积累量增大，推测周边存在连续排放的污染源。

2. 南区近地面至上空 500 m 大气中细粒子污染均较高，污染整体排放量较大。

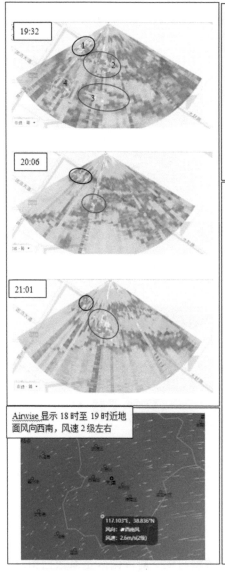

综合分析：

　　雷达扫描监测结果显示，15日18:55—21:22时间段内共监测到4处污染点位，均位于钢铁厂北区，污染点位如上图所示，上图根据雷达扫描污染源信息的经纬度确定点位，其中图中黑圈为污染点位1，红圈为污染点位2，蓝圈为污染点位3，黄圈为污染点位4。

图1　污染点位经纬度

污染源	经度/E	纬度/N
污染点位1	117.10174~117.10480	38.83775~38.83988
污染点位2	117.10506~117.10883	38.83376~38.83664
污染点位3	117.10324~117.10779	38.83006~38.83133
污染点位4	117.09784~117.09947	38.83087~38.83244

图2　污染源信息

污染源	PM₁₀浓度	污染面积/km²	污染次数/次
污染点位1	197.02	0.065	3
污染点位2	>420	0.109	3
污染点位3	138.11	0.058	1
污染点位4	>420	0.026	1

　　此期风气象条件下，气溶胶激光雷达……厂界与重点污染设施处显……热点扫描越移发现异常高值区域，根据高值区域和现场风速风向可以推出污染物排放来源。根据……上厂界扫描结果反映铁北的产区炼铁工艺……发现有异常高值区。……厂区烧结工艺南部发现异常高值区域……区域开展的气溶胶激光雷达水平扫描结果发现，……北部的另一家相邻企业有两个异常高值点，与该企业的两个排放口位置相符，……有两个异常高值点与厂区炼钢工艺两个排放口位置相符。

　　从烧结机烟气排口温度可以看出（图11-11），烟囱底部表面温度最高值可达157℃，烟囱排口表面温度最高可达137℃，说明烟气进入烟囱之前温度至少高于157℃，经现场调研可知该烧结烟气采用半干法脱硫，烟气出口正常温度在200℃以下。如若采用湿法脱硫，那么脱硫设施运行必然存在问题，或是湿法脱硫设施未开启。

　　钢铁企业红外温度监测分析（2019年1月16日9:00—12:00）

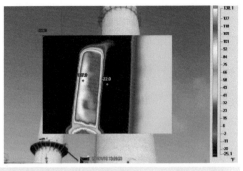

图 11-11　烧结机脱硫烟气排放烟囱表面红外热成像结果

对静电除尘设施表面温度的测试结果显示（图 11-12），静电除尘设施温度明显高于环境温度，静电除尘个别附属设施（配电柜）温度高于其他设备温度，因此该配电柜有电流通过。

钢铁企业红外温度监测分析（2019 年 1 月 16 日 9:00—12:00）

图 11-12　静电除尘设施表面温度红外热成像结果

11.2　石油化工行业应用案例

11.2.1　软件系统应用示范

2019 年 1 月 18 日，"固定源大气污染物排放现场执法监管信息系统"

在某石油化工公司进行示范（图 11-13），执法系统对企业进行现场清单式执法并当场采集无人机遥测、车载遥测、便携式监测设备的现场监测数据，执法系统进行数据处理与分析，显示结果为厂界各类污染物浓度均未超标，该企业不存在违法行为。

图 11-13　石油化工公司示范执法简介（节选）

（1）现场监测结果

对该石油化工公司进行现场监测的设备监测和手工监测示范（图 11-14 和图 11-15），可见，设备与手工监测的误差在可接受范围内，该石油化工公司的固定源污染物排放未超标。

图 11-14　石油化工公司示范现场监测结果（节选）

图 11-15　石油化工公司示范手工监测结果（节选）

（2）清单式执法结果

在该石油化工公司进行了清单式执法（图11-16），系统结果显示无异常情况。

图 11-16　中石化天津分公司示范清单式执法结果（节选）

（3）DOAS 走航结果

在该石油化工公司进行了走航观测（图 11-17 和图 11-18），观测结果表明：NO_2 和 SO_2 柱浓度在下风向出现升高现象，但在第 2 圈的观测中，NO_2 在上风向存在升高现象，从上风向 NO_2 的分布来看，属于典型的点源扩散，说明观测期间存在外围的 NO_2 输入，考虑到该石化公司周围存在其他公司，因此可推测为其他公司生产影响导致。耦合车载 DOAS 获取的 NO_2 和 SO_2 柱浓度分布数据及风场数据，计算了观测期间的该石油化工公司 NO_2 和 SO_2 污染物排放通量，NO_2 的计算结果为 63.61 g/s，SO_2 的计算结果为 71.20 g/s。计算结果表明该石油化工公司存在一定的 NO_2 和 SO_2 污染物排放。在偏南风场下，观测区域存在外部其他公司生产排放 NO_2 输入的可能。

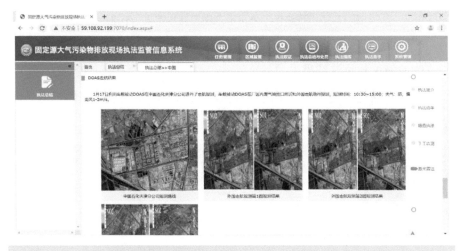

图 11-17　石油化工公司示范 DOAS 走航结果（节选）

图 11-18　石油化工公司示范 DOAS 走航数据（节选）

11.2.2 硬件系统应用示范

该石油化工公司厂区附近激光雷达走航监测分析（2019 年 1 月 16 日 12:18—13:05）

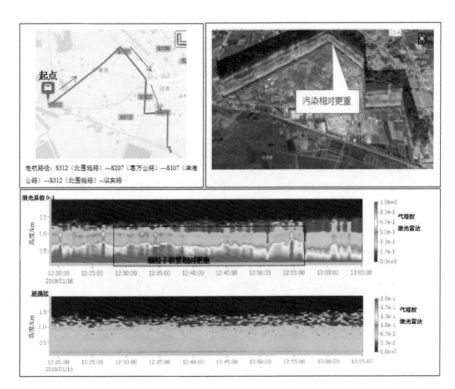

综合分析：

1. 走航期间，近地面污染积累较重，细粒子污染呈先加重后减轻趋势。

2. A 公路与 B 公路交叉口附近 A 公路路段，污染排放量相对更高，随后城市上层污染向近地面沉降，污染逐渐减轻。

该石油化工公司厂区附近激光雷达走航监测分析（2019 年 1 月 16 日 13:16—13:45）

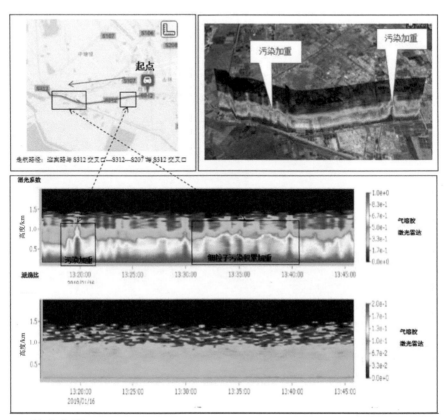

综合分析：

走航期间，S312 近地面至道路上空 500 m 大气中细粒子浓度均较高，近地面污染持续积累，局部有 2 处污染加重区域。

11.3 铅蓄电池行业应用案例

2019 年 1 月 17 日，"固定源大气污染物排放现场执法监管信息系统"在天津某公司进行示范（图 11-19），系统显示结果为对企业进行现场清单式执法，发现目前企业未履行"三同时"竣工验收手续、采样口不规范，当场采集便携式仪器现场监测结果并进行分析比对，结果均未超标，对比手工监测显示厂界颗粒物超标。

图 11-19 天津某公司示范执法简介（节选）

（1）现场监测结果

在天津某公司进行现场监测示范，监测结果见图 11-20 和图 11-21。由监测结果可知厂界颗粒物 0.429 mg/m³，超过《电池工业污染物排放标准》（GB 30484—2013）颗粒物 0.3 mg/m³ 的排放标准，违反了《中华人民共和国大气污染防治法》第九十九条的规定。

图 11-20 天津某公司示范现场监测结果（节选）

图 11-21　天津某公司示范手工监测结果（节选）

（2）清单式执法结果

在天津某公司进行清单式执法示范（图 11-22），系统结果显示无异常。

图 11-22　天津某公司示范清单式执法结果（节选）

（3）无人机批建一致审核结果

在天津某公司进行无人机批建一致审核（图 11-23），系统结果显示：现场基于小微型旋翼无人机设备，在 50～120 m 航高范围内实施 2 架次飞行，累计飞行时间 40 min，获取 8 cm 分辨率企业正射影像图及照片资料一套。共发现固定大气排放口 15 个，其中未申报 3 个，其中 2 个为企业平面图遗漏，1 个为后设置排放口。

图 11-23　天津某公司示范无人机批建一致审核结果

11.4　再生铅行业应用案例

2019 年 3 月 5 日，"固定源大气污染物排放现场执法监管信息系统"在江苏某公司进行示范（图 11-24），系统结果显示为对企业进行现场清单式执法，当场采集便携式仪器现场监测结果并进行分析比对，排气筒颗粒物浓度、铅浓度均未超标，结合批建一致性无人机遥测结论，该企业不存在违法行为。

图 11-24 江苏某公司示范执法简介（节选）

（1）现场监测结果

在江苏某公司进行现场监测，系统结果显示二氧化硫、氮氧化物、铅、颗粒物的手工监测结果与其设备监测结果均未超标（图 11-25 和图 11-26）。

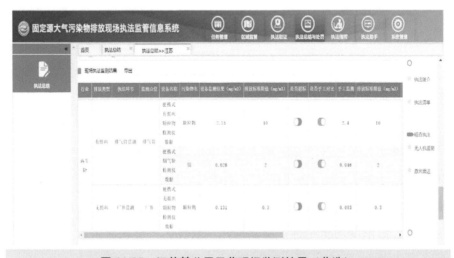

图 11-25 江苏某公司示范现场监测结果（节选）

图 11-26　江苏某公司示范手工监测结果（节选）

（2）清单式执法

在江苏某公司进行现场清单执法示范（图 11-27），系统结果显示无异常。

图 11-27　江苏某公司示范清单式执法结果（节选）

（3）无人机批建一致审核结果

在江苏某公司进行无人机批建一致性审核（图 11-28）。应用工作开展初期，企业主动告知排污许可证标示厂区内存在多个厂房和排放口属于上海某公司（根据航拍结果确认为 14 个），另因环保交叉检查的工作意见，新增危废处理车间排气筒 1 个。

图 11-28 江苏某公司示范无人机批建一致审核结果（节选）